Urs Altmannsberger

PROFITABLER VERKAUF

Wie Du im Vertrieb erfolgreich Preisverhandlungen mit Profi-Einkäufern führst – und nie wieder unnötige Nachlässe gibst

Prominente Leserstimmen

Wie prominente Vertriebsprofis über dieses Buch denken

Noch vor Drucklegung stellte Urs Altmannsberger das Skript und die Inhalte auf den Prüfstand. Dazu wurden Expertinnen und Experten im Verkauf und der Geschäftsführung nach deren Meinung zu diesem Buch befragt:

Urs Altmannsberger bringt es auf den Punkt: Humorvoll und in leichtfüßiger Erzählweise ein Fachbuch, das für alle Verhandlerinnen und Verhandler im Verkauf zum Standardwerk gehören sollte. Wenn ich meinen Mitarbeiterinnen und Mitarbeitern mit der Idee des Zeitfressertests (von Urs Altmannsberger) aufzeigen kann, wie wichtig es ist, selbstbewusst aufzutreten, können wir zusätzlich zehn Prozentpunkte mehr Umsatz machen. Anstatt unsere Zeit mit Kunden zu verschwenden, die uns keine Marge bringen, konzentrieren wir uns auf das wirklich wertvolle Business.

In der Preisverhandlung fühlen sich viele unserer Kolleginnen und Kollegen als „Underdog“ und haben gerade gegenüber Einkäuferinnen und Einkäufern zu wenig Selbstvertrauen. Auch ist es der einfachste Weg (aus Sicht der Verkäuferin oder des Verkäufers), sich auf die Preisabwärtsspirale einzulassen und mir als Chef zu verkaufen: „Es ging leider nicht anders. Es waren zu viele Wettbewerbsangebote dabei. Um dennoch den Vertrag für uns zu gewinnen, musste ich den niedrigsten Preis akzeptieren.“

Mithilfe dieses Buches werde ich meinen Mitarbeiterinnen und Mitarbeitern verdeutlichen, dass dies nicht der Fall ist. Besser ist es, mit dem Mauertest notwendige von verschwenderischen Rabatten zu differenzieren und dann mutig die Marge hoch zu halten. Dank Urs Altmannsberger, den ich vor einem Jahr durch einen Vortrag bei der Firma Bock Fördertechnik im Nürnberger Land kennenlernen durfte, habe ich nun eine großartige Diskussionsvorlage. Ich werde dieses Buch als Geschenk jedem meiner Mitarbeiterinnen und Mitarbeiter übergeben. Ich empfehle Ihnen, meinen Kolleginnen und Kollegen, diese Lektüre, um deutlich mehr Umsatz für Ihre Firma mit deutlich höherer Marge für Ihr Unternehmen zu erwirtschaften (profitable growth).

Michael Wozny Dipl. Betriebswirt (FH),
CEO GL Leasing B.C. Inc. Canada

Urs Altmannsberger ist ein sehr erfahrener Einkaufsleiter und Verhandlungscoach der Gegenseite. Er bringt mit seiner Ruhe und Taktik jede Vertrieblerin und jeden Vertriebler aus dem Konzept und verführt diese zum Preisnachlass und besseren Konditionen, um vermeintlich dadurch den Deal zu gewinnen. Mit Urs' Schulungen und Hilfestellung für den Vertrieb konnten wir unseren Außendienst in den letzten Jahren erfolgreich trainieren, um noch effizienter und auf Augenhöhe mit dem professionellen Einkauf zu verhandeln. Daher ist dieses Buch eine klare Empfehlung für jeden im Vertrieb und bereichert die zukünftigen Sales-Pitches. Je besser der Vertrieb mit der Fachabteilung alle Weichen richtig gestellt hat, umso einfacher wird die Hürde Einkauf. Der Vertrieb muss lernen, die Regie zu führen und sich nicht vom Einkauf führen zu lassen. Denn dann möchte auch der Einkauf es nicht an ein paar Prozent scheitern lassen. Besonders hervorzuheben sind Urs' absolut praxistaugliche Hilfen für die Gesprächsführung mit dem Einkauf. Ich nutze gerne Urs' Anleitungen, um meine Verhandlungssituation besser einzuschätzen. Mit dem sogenannten Mauertest gewinne ich die abschließende Klarheit, ob ein Nachlass notwendig ist oder verlorene Marge bedeutet. Urs ist für mich zu einem wertvollen Sparringspartner im Verhandeln von Preisen und Konditionen geworden.

David Cerny
Director Sales & Service
BRITA Vivreau GmbH • A Company of the BRITA Group

Mit dem Buch „Profitabler Verkauf" ist es Urs Altmannsberger gelungen, die einschlägige Literatur zum Thema Preisverhandlungen um eine weitere tragende Säule, die Sicht des Einkäufers, zu ergänzen. Denn nur wer genau versteht, was sein Verhandlungspartner denkt und nach welchen Zielen und Beweggründen dieser handelt, ist in der Lage, für alle Beteiligten eine Idealsituation herzustellen. Und diese lautet Win-win, aber bloß nicht auf Kosten der eigenen Marge!

Als Einkaufsprofi gelingt es Urs, auf sehr verständliche und äußerst kurzweilige Weise uns Verkäufern, Vertriebsleitern und Geschäftsführern genau diese Sichtweise immer wieder vor Augen zu halten, und ermöglicht damit völlig neue Ansätze für eine erfolgreiche Preisverhandlung.

Im ersten Kapitel des Buches enthüllt Urs bereits die für mich wichtigsten Erkenntnisse. In vielen Preisverhandlungen steht im Kopf des Einkäufers schon fest, welcher Lieferant gewinnt. Verkäufer, die dann noch Nachlässe gewähren, vergeuden das Geld des Unternehmens und müssen schmerzliche Einschnitte in der eigenen Provision hinnehmen!

Ein weiterer Aspekt: Oftmals ist die Person im Verkauf der USP, nicht der Preis oder das vergleichbare Produkt. Wow! Diese Erkenntnis ist für mich der Game-Changer schlechthin! Durch Fokus auf meine Verkäufer-USP und Aussortieren der „schlechten" Verkäufe ist es mir gelungen, meine Marge erheblich zu steigern und nur noch mit den Kunden zusammenzuarbeiten, die aus meiner Arbeit, nicht aus dem vermeintlich günstigsten Preis, den eigentlichen Mehrwert für sich selber ziehen.

Als Ergänzung empfehle ich dringend das Buch „Profitabler Einkauf", um noch tiefer in die Denkstrukturen professioneller Einkäufer einzutauchen und somit alle „Waffen" des Verhandlungspartners zu kennen.

Ich danke Urs Altmannsberger von ganzem Herzen für dieses bereichernde Werk und kann nicht anders, als es dringend weiterzuempfehlen!

Dr. Stephan Binder
Innovationspreisträger des Landes NRW, der MIT Technology Review Deutschland und der BioRegionen Deutschland, Preisträger der Gründungsoffensive Biotechnologie (BMBF), Gründer der SenseUP Biotech und Inhaber der Laborkampagne, der ersten Einkaufsgemeinschaft für StartUps und LifeScience Labore

Herrn Altmannsberger auf einem Seminar kennenzulernen, und Perspektiven, Zwänge und Vorlieben des Einkaufs dem klassischen Vertriebsrüstzeug hinzuzufügen, hat meine Sicht auf Verhandlungen in Einkauf und Vertrieb nachhaltig verändert. In diesem Buch führt er dies und die Effekte sehr anschaulich und praxisbezogen aus. Gewinnmaximierung beginnt beim Vermeiden von unnötigen Rabatten und Verschwenden von Zeit durch Phantom-Anfragen. Mit dem Wissen aus diesem

Buch erkennt jede Verkäuferin und jeder Verkäufer die wahre Situation und erlangt „maximale Traktion in Verhandlungen" auch durch die sehr praktikable und gut dargestellte Strategie der Verhandlungsführung auf Augenhöhe. Jedes Kapitel kann sofort in das Tagesgeschäft einfließen – näher an der Praxis geht es nicht!

Sascha Meyer
Leiter Verkauf & Marktmanagement Human Mobility
Otto Bock HealthCare Deutschland GmbH

Schön, dass Urs Altmannsberger jetzt auf die helle Seite (der Macht) gewechselt ist! Mit seinem Buch für den Verkauf öffnet er Blickachsen auf die Motive und Beweggründe des Einkaufs. Die Erkenntnis, dass die Entscheidung in 80 % der Verhandlungen schon getroffen ist, wird unser Verhalten in Preisverhandlungen maßgeblich verändern. Statt sofort nachzugeben, werden wir dem vorgeschlagenen Plan folgen und zuerst unsere Vertriebsziele Abschlusschance, Volumensteigerung und Kundentreue erfragen. Seit den Seminaren und Coachings durch Urs Altmannsberger sparen unsere Außendienstmitarbeiter viel Frust, Aufwand und Energie, da sogenannte tote Pferde – also unerreichbare Aufträge – frühzeitig entlarvt werden.

Für unser Geschäft mit Investitionsgütern ist die detaillierte Analyse des Bedarfs und die Vernetzung mit den Entscheidern im jeweiligen Projekt essenziell. Sicher muss nicht gleich Rabatt gegeben werden, wenn die Verkäuferin oder der Verkäufer in die Enge gedrängt wird. Wie Verkäuferinnen und Verkäufer auf die penetrante Forderung nach Prozenten besser reagieren, vermittelt dieses Buch auf anschauliche und verständliche Art. All unseren Mitarbeiterinnen und Mitarbeitern im Verkauf empfehle ich sowohl das Buch als auch die Seminare von Urs

Altmannsberger mit den Worten: „Nicht immer gleich nachgeben! Kämpft um den guten Preis!"

Den Autor kenne ich seit vielen Jahren. Es macht unser Unternehmen erfolgreicher, mit ihm zusammenzuarbeiten. Seine langjährigen Einkaufserfahrungen im nationalen und internationalen Geschäft verschaffen uns neue Erkenntnisse und geben uns die Möglichkeiten, entsprechend zu reagieren sowie uns gezielt auf Verhandlungen vorzubereiten.
Bemerkenswert finde ich die Möglichkeit zur direkten Kommunikation mit dem Autor, um gestellte Transferübungen und anstehende Verhandlungen zu besprechen. Ich bin gespannt, ob die Leser so pfiffig sind, das Angebot zu nutzen.

Frank Christl
Vertriebsleiter Suffel Fördertechnik GmbH & Co. KG

Mein persönliches Kompliment an Urs Altmannsberger: „Das hast Du spitzenmäßig gemacht und für mich vieles auf den Punkt gebracht!"

Der unterhaltsame und interaktive Stil macht das Lesen lebendig. Es macht neugierig und wissbegierig. Ich selbst habe mich ganz oft in Situationen wiedergefunden und hatte Bilder von diversen Verhandlungen aus der Vergangenheit, aber auch in der Gegenwart vor Augen.

Dein Preisverhandlungsbuch werde ich jedem empfehlen, egal ob er im Vertrieb arbeitet oder nicht. Denn selbst privat kann jeder mit Deiner Anleitung ganz viel rausholen. Der unterhaltsame und interaktive Stil macht das Lesen lebendig. Es macht neugierig und wissbegierig. Während des Lesens habe ich mich ganz oft an Situationen und Bilder von diversen Verhandlungen aus der Vergangenheit, aber auch in der Gegenwart erinnert. Hätte ich doch nur schon damals Dein Buch gelesen.

Das Motto: „Nett-aber-stur" finde ich optimal zutreffend. Stur im positiven Sinne, denn es ist im Interesse jedes Kunden.

Ich würde das Buch vor allen Dingen gerne einigen Vertriebsleitern als Pflichtlektüre geben. Es glauben leider noch so viele da draußen, durch Termin- und Zahlendruck würde man im Vertrieb mehr Marge für das Unternehmen erarbeiten. Das Gegenteil ist der Fall. Verkäufer werden durch zu enge Zielvorgaben blockiert, den Menschen und seine Bedürfnisse intensiv zu analysieren. Erst wenn wir das tun, erzielen wir automatisch die besten Ergebnisse. Jeder sollte die Freiheit haben, den eigenen Stil zu leben. Du betonst in Deinem Buch immer wieder: „Wer authentisch arbeitet, hat mehr Erfolg!"

Bitte lest und lebt alle dieses Buch, seid Preis-Detektive, nutzt den von Urs Altmannsberger beschriebenen Mauertest. Ihr werdet den Punkt treffen, der für Euch profitabel und für den Kunden akzeptabel ist.

Ich finde es super, dass Urs dieses Buch geschrieben hat. Mir war gar nicht so bewusst, dass man den Ablauf einer gelungenen Preisverhandlung so klar und deutlich strukturieren, beschreiben und erlernen kann. Ich wünsche allen viel Spaß beim Umsetzen. Die Praxisbeispiele, die Videos, die Booklets und die persönlichen Kurse sind die Sahne auf dem Kuchen.

Man merkt es vielleicht, ich bin begeistert von dem Buch. Oder? Danke Urs und Danke an alle, die es lesen und leben werden.

Gabi Jung
Servicemanagerin
Logicalis GmbH

Pflichtlektüre für den Vertrieb! Durch diverse Seminare und gemeinsame berufliche Projekte habe ich Urs Altmannsberger kennen und schätzen gelernt. In diesem Buch zeigt er direkt umsetzbare Strategien und Taktiken. Seine Einteilung in gute, schlechte und unmögliche Aufträge gibt mir eine klare Orientierung, wie mit Nachlässen umzugehen ist. Durch die „Nett-aber-stur"-Taktik fällt es mir im ersten Schritt unglaublich leicht, den Fokus auf die wirklich guten Aufträge zu legen – also diejenigen, die ohne weitere Zugeständnisse umgesetzt werden können. In der Vergangenheit wurden leider auch für diese Aufträge Zugeständnisse gewährt, was die Verkaufsmarge unnötig schmälerte. Unter „schlechten Aufträgen" fasst Urs Altmannsberger diejenigen zusammen, die nur nach Zugeständnissen in Preis oder Leistung erfolgreich abgeschlossen werden. Mit seinen Tipps erkennen wir Verkäuferinnen und Verkäufer präzise, wo die Grenze zwischen notwendigen und verschenkten Zugeständnissen liegt.

Ergänzt durch viele Praxisbeispiele ist die praktische Umsetzung leicht, und ich sehe mich in die Lage versetzt, den Gewinn nachhaltig zu steigern. Mit diesem Buch kann jede Verhandlerin und jeder Verhandler im Verkauf die Marge seines Unternehmens nachhaltig steigern.

Volker Nordberg
Chief Sales Officer FA Business Solutions GmbH

Die deutsche Bibliothek – CIP-Einheitsaufnahme
Die Deutsche Nationalbibliothek verzeichnet diese Publikation in der Deutschen Nationalbibliografie; detaillierte bibliografische Daten sind im Internet unter http://dnb.d-nb.de abrufbar

Altmannsberger, Urs:
Profitabler Verkauf. Wie Du im Vertrieb erfolgreich Preisverhandlungen mit Profi-Einkäufern führst – und nie wieder unnötige Nachlässe gibst

Print: ISBN 978-3-9821143-4-7
E-Book: ISBN 978-3-9821143-3-0
Hörbuch: ISBN 978-3-9821143-5-4

Edition Sales & Purchasing

Emminghausstr. 50, 61250 Usingen, www.altmannsberger-verhandlungstraining.de

1. Auflage 2021

Lektorat, Korrektorat: Birgit Altmannsberger, Camilla Altvatter
Design, Layout, Produktionsleitung:
text-ur agentur Dr. Gierke, Köln, www.text-ur.com
Druck und Vertrieb: BoD – Books on Demand GmbH, Norderstedt, www.bod.de

978-3-9821143-4-7
Printed in Germany

Inhaltsverzeichnis

Anleitung

Kapitel L

Hier findest Du Leserstimmen. Dazu habe ich einigen Persönlichkeiten aus dem Verkauf das Buch vorab vorgelegt und um Feedback gebeten. Das hilft Dir, die Qualität der Inhalte meines Buches schnell zu erfassen.

Kapitel 1 bis 3

Zuerst tauchst Du in die Welt des Einkaufs ein. Dabei lernst Du, wie unterschiedlich die Sichtweisen sind und welches Verdienstpotential buchstäblich auf der Straße liegt.

Kapitel 4

Du erhältst einen Schnelleinstieg in das Thema Preisverhandlung, und ich zeige Dir dort einen exemplarischen Ablauf der Vorbereitung und Durchführung auf. Verweise auf andere Kapitel helfen Dir, weiterführende Informationen ganz einfach zu finden.

Kapitel 5 bis 10

Hier zeige ich Dir die einzelnen Methoden Schritt für Schritt, mit denen Du profitabler Preisverhandlungen führen wirst.

Kapitel A und S

Die Abkürzungen im Kapitel A helfen Dir und Deinen Kolleg(inn)en, in Vorbereitungsphasen und in der Verhandlung eine Art Geheimsprache zu nutzen.
Mit dem Stichwortverzeichnis im Kapitel S findest Du schnell wichtige Stellen im Buch.

Blicke hinter die Kulissen des Einkaufs

Was Du in diesem Kapitel lernst:

- Die Position des Verkaufs ist aus dem Blickwinkel des Einkaufs viel stärker!
- Dumpingpreise betrachtet selbst der Einkauf als Risiko.
- Dass Dich Deine Preiszugeständnisse eher behindern statt voran bringen.
- Was Commodity bedeutet, und warum Du dann selbst der USP bist, wenn Dein Produkt leicht gegen Wettbewerbsprodukte austauschbar ist.
- Wer tatsächlich darüber entscheidet, ob Du gewinnst.
- Wie oft der Lieferant bereits feststeht, wenn die Preisverhandlungen gerade erst beginnen.
- Wie Du mit der „Nett-aber-stur"-Taktik erfolgreich Deine Marge erhöhst, ohne darüber nachdenken zu müssen.
- Dass der Einkauf tatsächlich positiver zum Verkauf steht, als die meisten denken.
- Nach welchen Kriterien Einkäufer entlohnt werden.

Die Position des Verkaufs ist aus dem Blickwinkel des Einkaufs stärker als angenommen.

In meinen Preisverhandlungstrainings für Verkäuferinnen und Verkäufer bin ich immer wieder aufs Neue erstaunt: Die meisten Mitarbeitenden im Außendienst oder Vertriebsinnendienst gehen davon aus, dass die eigenen Produkte sogenannte Commodity-Produkte sind. Also Produkte, die leicht austauschbar sind und unter starkem Wettbewerbsdruck stehen. Doch diese Einschätzung ist meist falsch! Das Gut, das gehandelt wird, besteht aus weit mehr als nur dem nackten Produkt. Würde jemand behaupten: „Jede Dreizimmerwohnung mit 90 Quadratmetern Wohnfläche ist gleich!", wissen wir sofort, dass das nicht stimmen kann. Allein schon die Lage und der Zustand machen große Unterschiede.

Unter Commodity-Produkten verstehen wir austauschbare, stark standardisierte Güter und Leistungen, die bei vielen Anbietern in gleicher Ausfertigung und vergleichbarer Qualität bezogen werden können.

Einem Commodity-Produkt fehlt das Alleinstellungsmerkmal (meist USP genannt: unique selling proposition). Es fehlt an einem Merkmal des Produkts oder der Leistung, was es einmalig und begehrlich macht.

Quelle: Wikipedia und Urs Altmannsberger

Die Crux bei Commodity-Produkten ist die vermeintliche Profillosigkeit des Produktes und die einfache Vergleichbarkeit der geforderten Preise. Die Verkäufer und Verkäuferinnen gehen davon aus, dass ein Wechsel von Lieferant A zu Lieferant B ohne jedes Hindernis möglich ist. Allein der endgültige Preis entscheidet, wer den Zuschlag bekommt. Damit ist der Preiskampf eröffnet.

Merkmal dieses Preiskampfes sind stetig sinkende Preise, die generell erst an der Schmerzgrenze haltmachen. Nun hat aber jedes Unternehmen eine andere Idee davon, wo seine Schmerzgrenze liegt. Einige kalkulieren noch mit einem gesunden Gewinn, was auch langfristig funktionieren würde. Andere sind eher panisch und kalkulieren nur noch mit dem geringeren Schaden.

Wenn fixe Kosten in der Herstellung existieren und die Produktionskapazität brach liegt, ist der Druck hoch, um jeden Auftrag zu kämpfen, selbst wenn dieser keinen Gewinn abwirft. Hauptsache, die Produktion wird wieder besser ausgelastet. Die Kalkulation basiert in dem Fall darauf zu vergleichen, wann der Schaden geringer wäre:

- Ist es schlechter, den Auftrag zu verlieren oder mit dem Preis weiter runterzugehen?

Ums Überleben kämpfende Firmen kalkulieren mit sogenannten Opportunitätskosten. Ist das nicht ein wunderschöner Begriff, wenn Du zukünftig in Meetings auftrumpfen willst? Merke ihn Dir!

Was sind Opportunitätskosten?

Opportunitätskosten (manchmal auch als Alternativkosten oder Verzichtskosten bezeichnet) sind entgangene Erlöse oder entgangener Nutzen. Sie entstehen dadurch, dass alternative Möglichkeiten (Opportunitäten) nicht wahrgenommen werden können.

Das Unternehmen wählt eine von mehreren Möglichkeiten. Gleichzeitig alle Möglichkeiten zu nutzen, ist nicht machbar. Umgangssprachlich kann man auch von „Kosten der Reue" oder „Kosten entgangener Gewinne" sprechen. Opportunitätskosten sind somit keine Kosten im Sinne der Kosten- und Leistungsrechnung, sondern ein ökonomisches Konzept zur Quantifizierung des Nutzens entgangener Alternativen.

Den Gegensatz zu Opportunitätskosten als entgangene Erlöse bilden die nicht zusätzlich entstehenden (Mehr-)Kosten, die auch als Opportunitätserlös bezeichnet werden.

Quelle: Wikipedia, Anpassung durch Urs Altmannsberger

Die Entscheidung wird von den existierenden Wahlmöglichkeiten getrieben:

„Welche der Wahlmöglichkeiten bedeutet den geringeren Schmerz?"

Wenn Du so einen Wettbewerber in Deinem Umfeld hast, wird es kritisch für alle Beteiligten! Denn dessen Schmerzgrenze liegt weit unter einem gesunden Gewinn. Ein ernst gemeinter Rat: Solch einem Wettbewerber solltest Du dringend dieses Buch schenken, damit der künftig klüger anbietet!

Lass uns die „Welcher-Schmerz-ist-geringer-Kalkulation“ an einem kurzen Beispiel verdeutlichen:

Beispiel Opportunitätskalkulation:

Nehmen wir an, das Unternehmen IT-TECH hat fest angestellte Mitarbeiter, die im Service für Computer tätig sind. Diese Mitarbeiter kosten pro Tag 10.000 Euro.

Klaus Notdurft ist der Verkäufer, der diese Mitarbeiter durch entsprechende Verträge mit Arbeit versorgen soll. Aktuell hat er nur einen einzigen Auftrag in Aussicht, den ihm aber Wettbewerber durch Preissenkungen strittig machen.

Das aktuelle Angebot von Herrn Notdurft lautet auf 12.000 Euro pro Tag. Seine kalkulierte Marge beträgt folglich 2.000 Euro.

Die Einkäuferin des Kunden sagt ihm in der finalen Verhandlung, dass er den Auftrag mit dem aktuellen Angebotspreis nicht erhalten wird, er aber jetzt durch eine Preissenkung die Entscheidung beeinflussen kann. Klaus Notdurft steckt in der Klemme, was soll er tun? Er stellt die unten gezeigte Berechnung auf: „Welches Ergebnis erziele ich mit verschieden hohen Angebotspreisen?“.

Angebotspreis	Kosten	Auftrag erhalten?	Verlust
12.000	10.000	Nein	10.000
10.000	10.000	Chance steigt	0
8.000	10.000	Chance steigt weiter	2.000
5.000	10.000	Chance sehr hoch	5.000
0	10.000	Chance super	10.000

Tabelle 1: Verlust bei verschieden hohen Angebotspreisen unter der Annahme, der angebotene Preis sei zu teuer

Wichtige Abbildungen, Tabellen und Zusatz-Informationen findest Du zum kostenlosen Download auf https://profitablerverkauf.de/downloads

Das Ergebnis ist selbst aus meinem Blickwinkel als Einkaufsleiter und Einkäufercoach brisant. Denn jeder Preis unter 12.000 Euro führt Klaus Notdurft in der Kalkulation des Verlustes zu einem besseren Ergebnis als sein bisheriger Angebotspreis von 12.000 Euro. Selbst wenn er die Leistung seiner Kollegen verschenkt, liegt er „nur" gleichauf mit dem Verlust von 10.000 Euro, erhöht dabei jedoch die Wahrscheinlichkeit, dass er den Auftrag erhält.

Klaus Notdurft entscheidet sich, die Mitarbeiter zum halben Preis anzubieten, und gewinnt damit tatsächlich den Auftrag. Doch sehr lange kann er dieses Preisniveau nicht durchhalten. Schließlich legt er jeden Tag 5.000 Euro obendrauf.

> Wer Kampfpreise anbietet, um zu überleben, treibt ganze Märkte in den Ruin!
>
> Eine professionelle Verhandlungskultur der Preise ist für Dich wie auch für Deine Wettbewerber Pflicht!

Du und Deine Wettbewerber sichern damit stabile Märkte mit verfügbaren Gütern, auf die ich mich als Einkäufer und Kunde verlassen kann.

Einige der folgenden Anlässe, Preise bis unter die Schmerzgrenze zu senken, werden Dir bekannt vorkommen:

- Ein Unternehmen plant in einen Markt neu einzusteigen und will durch extrem niedrige Preise Anteile vom Umsatz-Kuchen abschneiden.

- Es existieren Unternehmen im Markt, die um ihre Existenz kämpfen und sich Umsätze durch hohe Rabatte sichern möchten.

- Unternehmen, die unterdurchschnittlich günstig produzieren können (zum Beispiel in Low-Cost-Countries, Produktion in Niedriglohnländern), überschwemmen Deinen Markt mit Produkten. Da genau diese Länder auf Commodity-Produkte setzen und Profitabilität über hohe Mengen erreichen, wiegt das besonders schwer. Große Mengen an günstiger Ware, die noch dazu mit der eigenen Ware vergleichbar ist – für viele Verkäufer das Schreckgespenst schlechthin!

- Unternehmen, die in einer Krise versuchen, die brach liegenden Produktionskapazitäten durch aggressive Preissenkungen wieder voll auszulasten (wie z. B. Herr Notdurft aus meinem Beispiel).

Dabei muss diese Preis-Drückerei nicht sein. Verkäuferinnen und Verkäufer glauben zumeist, dass wir (!) auf der Einkaufsseite die Preisschraube in Gang setzen. Das stimmt aber nicht. Oft beruht der Beginn einer Preissenkungsverhandlung nur auf der Annahme (!), dass ein günstigerer Preis notwendig ist.

Ich spreche zu Dir als Einkaufsleiter und stellvertretend für alle Einkäuferinnen und Einkäufer dieser Welt:

„Wir (Einkäuferinnen und Einkäufer) wollen keinen unendlich niedrigen Preis! Wir befürchten genauso die Folgen von zu billigen Angeboten! Wenn insolvente Lieferanten die Werkstore schließen müssen oder Dienstleister ihre Mitarbeiter entlassen und wir mit leeren Händen dastehen, dann sind alle Beteiligten am Ziel vorbeigeschossen."

Verändert Dein Zugeständnis die Entscheidung des Kunden?

Im Verkauf sollte nur dann mit Preissenkungen oder auch anderen Zugeständnissen gearbeitet werden, wenn hierdurch eine Verbesserung der Situation eintritt.

Ungünstigerweise gilt im Verkauf der Rabatt als Mittel der ersten Wahl. Schau Dir mal die Werbeprospekte des Einzelhandels an. Nachlass allen Ortes.

Gute, schlechte und unmögliche Aufträge:

Ich spreche in diesem Buch von „guten" Aufträgen, wenn Du mit einem angemessenen Preis ohne Nachlass als Lieferant ausgewählt werden kannst oder wirst.

Im Kontrast dazu existieren „schlechte" Aufträge, bei denen Du erst auf einen Teil Deiner Marge verzichten musst, um den Auftrag zu erreichen.

Als Letztes gibt es die „unmöglichen" Aufträge. Selbst mit Nachlass und bester Vertriebsarbeit kannst Du keinen Zuschlag vom Kunden erhalten.

„Die meisten Preisverhandlungen könnten mit einem deutlich besseren Ergebnis für den Verkauf abgeschlossen werden, würden Nachlässe zurückhaltender angeboten!"

Wenn Du wüsstest,

- wie oft die Entscheidung bereits auf Dich gefallen war und Du dennoch den Preis gesenkt hast,
- wie oft Du vom Start weg auf verlorenem Boden standest und Du dennoch viel Mühe und Zeit investiert hast,

würde Dir schwindlig werden!

Wie wäre diese Situation für Dich?

Du kommst zu einer Preisverhandlung mit dem Einkauf. Der Lieferant steht fest. Du bist es leider nicht, hast davon aber noch keine Ahnung. Auserwählt wurde Dein Wettbewerber, er steht jetzt schon als geheimer Gewinner fest. Die Einkäuferin sagt Dir, dass Du zu teuer bist und im Preis runtergehen musst. Mit dem von Dir genannten Preis geht sie dann zum bevorzugten Lieferanten und drückt ihn damit nochmal ein Stück im Preis.

Findest Du das gut? Würdest Du dafür gerne Deine Zeit investieren? Sicher nicht! Ist dann folgende Situation besser?

Du kommst zur Preisverhandlung mit dem Einkauf. Der Lieferant steht wiederum schon fest. Du bist es, weißt es aber nicht – genau wie im vorherigen Fall!

Die Einkäuferin sagt Dir, dass Du zu teuer bist und im Preis runtergehen musst. Du nennst einen minimal besseren Preis. Sie sagt, dass dies nach wie vor nicht reicht, und konfrontiert Dich mit einem günstigeren Wettbewerbsangebot. Du gehst nochmal weiter runter. Sie sagt, dass dies nach wie vor nicht reicht. Du bist in der Preis-reicht-nicht-Schleife gefangen.

Findest Du das gut? Würdest Du dafür gerne Deine Zeit investieren? Sicher auch nicht! Auf diese Weise wirst Du immer wieder frustriert feststellen, dass Du Zeit und/oder Geld verbrennst.

Aufgabe: Vorbestimmte Entscheidungen

Was meinst Du, in wie viel Prozent aller Preisverhandlungen, die ein Einkäufer oder eine Einkäuferin führt, steht der Lieferant bereits fest, der den Zuschlag erhält?

A	10 %
B	25 %
C	50 %
D	80 %
E	100 %

Wie ist Deine Schätzung?

Lösung D ist richtig! Es sind unglaubliche 80 %! Von 100 Preisverhandlungen steht in 80 Verhandlungen vorher fest, wer den Auftrag anschließend erhält.

Trotzdem tobt der Kampf, mithilfe von Nachlässen die Entscheidung zu beeinflussen – völlig ohne Chance auf Erfolg!

„Aber Urs, ich habe da noch eine Frage!

Gelten die 80 % durchweg für alle Branchen und Situationen?"

Urs Altmannsberger antwortet: „Das ist selbstverständlich ein Durchschnittswert. Alle Branchen, alle Situationen, alle Länder in einen Topf und rumgerührt. Das ergibt die 80 %.

Für Dich ist es schon mal eine gute Orientierung. Wenn Du also noch nicht sicher herausgefunden hast, ob ein Preisnachlass die Entscheidung Deines Kunden ändert, dann solltest Du Dich gegen einen Nachlass entscheiden.

Somit bewegst Du Dich (rein statistisch) auf der besseren Seite. In rund 80 von 100 Fällen hättest Du entweder den Auftrag mit der gewünschten Marge oder wärst sowieso nicht der zukünftige Lieferant. Dann würdest Du wenigstens noch Zeit sparen.

Nur in 20 Fällen würdest Du den Auftrag verlieren, obwohl Du eine Chance gehabt hättest.

Dann allerdings wäre der Auftrag nur mit einem schmerzhaften Preisnachlass zu erzielen. Die 20 „Wo-möglich-Aufträge" wären also von der Kategorie: wenig Marge, dafür Umsatz. Und wie gesagt, in den Detektiv-Kapiteln zeige ich Dir, wie Du diese Aufträge auch retten kannst."

Vorteilhaft ist, wenn Du zu einem sehr frühen Zeitpunkt weißt, woran Du bist. Wenn Du schon zu Beginn weißt, ob Du ...

- den Auftrag mit dem jetzigen Angebotspreis erhältst,
- mit einem Preisnachlass erhältst
- oder nie erhalten wirst,
- hast Du die Hand am Entscheidungshebel und kannst Zeit und Entgegenkommen eigenmächtig steuern.

In den Kapiteln 7 bis 9 zeige ich Dir mit den drei Detektivphasen, wie Du Zug um Zug genau diese Gewissheit gewinnst und rechtzeitig eine Entscheidung treffen kannst.

Gehen wir in diesem Stadium noch davon aus, dass Du Dich in einer Blackbox befindest. Du hast noch nicht die Orientierung, ob ein Preiszugeständnis notwendig ist. In diesem Fall empfehle ich Dir, die „Nett-aber-stur"-Taktik zu nutzen, bis Du die Gewissheit durch die Detektivphasen erlangt hast.

Taktik „Nett, aber stur“ – kein Nachlass ohne Detektivphase

Eine zugegebenermaßen riskante Taktik! Dennoch führt diese Taktik zu einem Anstieg Deiner Marge. Der Umsatz hingegen würde sinken. Diese Taktik ist ein Patentrezept, wenn Du genügend „gute“ Aufträge in der Pipeline hast. Dann hast Du es nicht nötig, auf Preisforderungen einzugehen.

Was Dir mit dieser Taktik droht oder besser gesagt gelingt:

Du verlierst schlechte Aufträge!

Ja, Du hast richtig gelesen. Du gewinnst die „guten“ Aufträge und verlierst die „schlechten“ Aufträge. Allein schon die Taktik, ver-nünftige Preise anzubieten und dann auf „nett, aber stur“ zu schalten, würde Deine Marge anheben. Denn die gewonnenen Aufträge sind profitabler als zuvor. Im Gegenzug verlierst Du „schlechte“ Aufträge. Aufträge, die Du nur mit Preiszugeständnissen gewonnen hättest. Im Ansatz erkennst Du darin das Paretoprinzip.

Falls Du Wilfried Fritz Pareto (später Vilfredo Federico Pareto) noch nicht kennst: Er ist der Entdecker oder Erfinder der oft zitierten 80:20 Regel. Er beschrieb 1897 die ungleich verteilten Einkommen in Italien: „20 % der Bevölkerung erzielen 80 % des Einkommens.“

Bezogen auf den Verkauf hast Du bestimmt schon gehört: „Mit 20 % Deiner Kunden machst Du 80 % des Umsatzes." Und genauso erzielen viele Verkäufer mit 20 % der Umsätze 80 % Marge. Dann gilt es, den Fokus auf die wertvollen Umsätze zu legen.

Quelle: Wikipedia und Ergänzungen von Urs Altmannsberger

Wir übertragen es auf unsere gerade im Raum stehende Frage: „Nachlass geben, ja oder nein?"

Da bedeutet es für Dich und alle anderen im Vertrieb: In 80 % der Fälle erreichst Du den Auftrag OHNE Nachlass. Nur in 20 % der Fälle verlierst Du den Auftrag, wenn Du keinen Nachlass gewährst.

In der Praxis fühlt sich das für Dich anders an. Der Einkauf verschweigt Dir aus taktischen Gründen, dass Du längst den Auftrag sicher hast oder auch nie daran kommen kannst. In der Ungewissheit verbergen sich also „gute", „schlechte" und „unmögliche" Aufträge.

„Gute" und „unmögliche" Aufträge machen 80 % der Fälle aus. Dann ist bereits vor der Verhandlung entschieden, wer den Auftrag erhält. In 80 % der Fälle steht die Reaktion des Kunden fest. Wenn Du in diesen Fällen Nachlass gewährst, ändert sich nur Deine Marge, nicht aber die Entscheidung des Kunden. In diesen Fällen solltest Du unbedingt vermeiden, Zugeständnisse zu gewähren!

Nur in 20 % der Fälle entscheidet Dein Zugeständnis darüber, ob Du den Zuschlag erhältst oder Deine Wettbewerber. Das sind dann „schlechte" Aufträge. Diese preissensitiven sind weniger attraktiv, weil sie mit Zugeständnissen, also einer geringeren Marge verbunden sind. Die Höhe des Zugeständnisses entscheidet darüber, wie „schlecht" der Auftrag ist. Musst Du auf die gesamte Marge verzichten? Oder ist es nur ein kleines Delta, das überwunden werden muss? Zur Verdeutlichung bleiben wir beim Begriff „schlecht" in Anführungszeichen gesetzt.

In 80 % aller Auftragsvergaben steht vor der Preisverhandlung fest, wer den Zuschlag erhält.

Der Einkauf verheimlicht das, um den Preiskampf zu entfachen und auf einfachem Weg Savings zu generieren.

Würdest Du in diesen Fällen auf „nett, aber stur" schalten, ändert das an der Verteilung der Aufträge nichts.

Deine Marge hingegen steigt sprunghaft!

Die meisten der Verkäuferinnen und Verkäufer, denen ich in meinen Trainings begegne, nutzen die Taktik: „Wenn der Kunde zögert, biete ich zur Sicherheit einen weiteren Nachlass!"

Mit dieser Taktik werden alle Aufträge in der Marge gesenkt. Nochmal zur Erinnerung: Mein Job als Einkäufer ist es, zögerlich zu agieren und nach Zugeständnissen zu fragen. Damit löse ich in jedem Fall die Nachlass-Taktik des Verkaufs aus und schmälere deren Gewinn.

Solange Du noch nicht weißt, ob ein Zugeständnis die Entscheidung Deines Kunden beeinflusst, fährst Du mit der Taktik „Nett, aber stur“ wirtschaftlich besser.

Ich empfehle Dir bei Unsicherheit:

- Gewähre vorerst keinen Nachlass,
- wende danach die detektivischen Methoden der Folgekapitel an und
- entscheide anschließend über ein Entgegenkommen.

Wie setzt Du es in Deiner Praxis um?

Verzögere die Nachlass-geben-Phase! Bewege sie vom vorderen Teil der Verhandlung nach hinten. Damit wirst Du in 80 % der Fälle die gleiche Anzahl der Aufträge erhalten, nur dass Du nun viel mehr Marge generierst. Die Arbeit bleibt gleich, Dein Portemonnaie wird voller.

Stand jetzt würden Dir aber 20 % der möglichen Aufträge verloren gehen. Eben diejenigen Aufträge, die nur mit Nachlass erreichbar sind. Die rette ich Dir mit meiner Methodik zusätzlich!

Wenn Du meine Tipps in diesem Buch beherzigst, kommst Du in 20 % der Fälle zum Ende der Verhandlung an den Punkt, an dem Du (!) entscheidest, ob Dir die Umsätze durch „schlechte" Aufträge wichtig sind oder nicht.

Einer meiner Kunden verkauft Gabelstapler. Die regionalen Vertriebsgesellschaften gehören nicht dem Hersteller, sondern sind selbständige Unternehmen.

Für den Unternehmer ist die absolute Marge entscheidend. Was bleibt am Ende des Jahres in der Kasse übrig.

Gleichzeitig müssen die Unternehmen jedoch Stückzahlziele erfüllen. Neben der Marge ist folglich auch die Quantität für den Unternehmenserfolg entscheidend.

In der Preisverhandlung reicht daher die „Nett-aber-stur"-Taktik nicht aus. Es gilt differenziert zu entscheiden: „Gute" Aufträge sollen mit dem Angebotspreis durchgesetzt werden. „Schlechte" Aufträge sollen als Stückzahlbringer die Mengenziele fördern.

Meine Anleitung für Dein Vorgehen in wenigen Sätzen:

- Grundsätzlich gibst Du keinen Nachlass.
- Du identifizierst anhand der Altmannsberger-Methode, welche Aufträge nur mit Nachlass erreichbar sind.
- Du entscheidest, ob diese „schlechten" Aufträge für Dich und Dein Unternehmen wichtige Umsatzbringer sind.
- Für „gute" Aufträge erhältst Du die volle Marge. Du gibst keinen Nachlass.
- Für „schlechte" Aufträge erzielst Du geringere Marge. Du gewährst den notwendigen Nachlass.

Wieso steht eigentlich in 80 % der Preisverhandlungen der Lieferant schon fest?

Für mich als Einkaufsleiter existieren keine Commodity-Produkte. Immer dann, wenn Du als Verkäufer Deinen Job richtig gemacht hast, wird Dich meine Firma als Anbieter bevorzugen. Das gilt natürlich gleichlautend für die Vertriebsleute bei Deinen Wettbewerbern.

Aus meinem Blickwinkel als Insider Deiner Kunden weiß ich: Es ist selten der Preiskampf entscheidend, sondern der Beratungskampf! Wer ist besser darin, den Kunden vom Gut, dem Produkt oder der Leistung zu überzeugen?

Beratungswettbewerb ist entscheidender als Preiswettbewerb.

Mehr dazu im Kapitel „Beratungsphase". Ausnahmen bestätigen die Regel, sind aber an dieser Stelle vernachlässigbar. Beispiele aus dem persönlichen, privaten Umfeld machen das an dieser Stelle besonders deutlich, weil der Entscheider dort Einkauf + Fachbereich + Geschäftsführung + Finanzverwalter in einem ist. Und genau dort kannst Du es für Dich besonders gut nachvollziehen.

Ein IT-Hersteller, der als Logo ein „angebissenes Obst" benutzt, hat seinen Job als Anbieter richtig gut gemacht. Meiner Meinung nach zumindest. Bereits der erste Berührungspunkt hat bei mir eine Reihe von weiteren Käufen ausgelöst.

Als ehemaliger Informatik-Betriebswirtschafts-Student bin ich technikaffin. Schon die ersten Smartphones nannte ich mein Eigen. Die basierten damals auf Microsoft-Betriebssystemen und stürzten unfassbar oft ab. Gerätewechsel waren mit manuellen Daten-Portierungen verbunden. Alles nicht besonders anwenderfreundlich.

Ich hatte schon von Apple gehört, war aber eher ablehnend. Wer in der Microsoft-Welt studiert hat, war skeptisch gegenüber anderen Betriebssystemen, und dazu gehört Apple nun mal. Dann gab es ein besonderes Angebot für Trainer und Coaches. Besonders günstig und mit Rückgaberecht für einige Wochen. „Okay", sagte ich mir und gab meiner Neugierde nach, mal ein Apple Smartphone zu testen (nicht kaufen, nur mal mit spielen und dann zurück-geben).

Dann folgte die Schlüsselszene, die mein restliches IT-Leben verwandelte: Ich schloss das Smartphone an meinen Windows-PC an. Ein paar Klicks später meldete sich das Smartphone mit einem Piepton: „Ich habe auf Deinem Computer Adressbücher und Kalender gefunden, soll ich die benutzen?". Leicht irritiert tippte ich auf „Ja" und wartete darauf, dass gleich manuelle Zuordnungen und viele Einstellungsoptionen abgefragt würden. Stattdessen mel-dete das kleine Ding „Fertig".

Wie? Fertig? Kann ja gar nicht sein!

Doch es war so. Alle Daten portiert. Keine Fehler, keine Abstürze, keine manuelle Arbeit.

Seitdem kommen bei mir alle Geräte aus dem Hause mit dem angebissenen Obst. Inzwischen gibt es nur wenige Minuten meiner wachen Zeit, an denen ich nicht deren Produkte nutze. Und zum Kapitel passend: Ich stelle dort nur ganz selten die Frage nach dem Preis. Ja, als leidenschaftlicher Einkaufsverhandler habe ich auch beim IT-Hersteller Apple einen Nachlass. Dieser Rabatt entscheidet jedoch nicht über meine Auftragsvergabe. Aus Sicht des Apple-Verkäufers ist dieses Entgegenkommen also völlig überflüssig und schmälert nur den Gewinn seines Unternehmens.

Vermutlich wird nun Apple mir alle Rabatte streichen. Das nehme ich billigend in Kauf, um Dir die Zusammenhänge plastisch zu erklären.

In meinem Beispiel war der Preis also nur eine Randerscheinung, die den ersten Impuls zum „Das schaue ich mir mal näher an." gegeben hat. Besser wäre es gewesen, hätte mich der Verkaufsberater ohne Umwege zur Erkenntnis gebracht: „Das funktioniert ja viel besser, als ich erwartet habe! Ich will die bessere Lösung, auch wenn sie teurer ist."

Die Leistung Deines Gutes ist wichtiger als der Preis.

Wenn Du als Verkäufer das richtige Gut anbietest, gehört in 80 % der Fälle der Auftrag Dir, unabhängig vom Preis.

Wer trifft die Lieferantenwahl?

Ist es der Einkauf oder der Fachbereich? Ist es die Geschäftsführung oder der Inhaber? Eine bis jetzt noch nicht genannte Person oder Personengruppe? Oder sogar ganz abstrakt: Trifft ein Kriterium/ein Algorithmus die Entscheidung?

Aufgabe:

Ich möchte Dich dabei unterstützen, die Denkweise von uns Einkäuferinnen und Einkäufern noch besser zu verstehen. Wenn wir eine unpopuläre Entscheidung treffen, wo gekauft wird, was löst das aus? Wenn wir also den Wunsch des Anwenders ignorieren und stattdessen einen anderen Lieferanten wählen? Überlege Dir daher bitte jetzt für Dein Business:

Würde es der Person im Einkauf guttun, die Entscheidung der Geschäftsführung, des Produktionsleiters, des Anwenders zu ignorieren und einen anderen Anbieter zu wählen?

Was würde passieren, wenn dann etwas schief geht? Angefangen von einer verspäteten Lieferung bis hin zu Defekten bei Produkten oder Fehlern von externem Personal?

Stimmt: Wir als Einkäufer haben schlechte Karten, wenn etwas schiefgeht. Wir müssten Fehler ausbügeln und Schelte ertragen. Womöglich werden sogar Fehler, die nicht mit der Lieferantenentscheidung zusammenhängen, auf den Einkauf abgewälzt. Die Mitarbeiterinnen und Mitarbeiter werden folglich in der Praxis eher entscheidungsscheu sein. Denn wenn der Fachbereich den Lieferanten X ausgewählt hat und dann die Lieferung schadhaft ist, sind nicht wir schuld.

Als Einkäufer der verschiedensten Branchen sehe ich die Situation wie folgt:

- Im Handel ist es der Endkunde, der beraten oder umworben wird und die Kaufentscheidung trifft. So wird die Entscheidung für eine Hose vielleicht durch einen TV-Spot beeinflusst, die Entscheidung für eine Bluse durch die Passgenauigkeit, die Entscheidung für ein Fahrzeug vielleicht durch das, was Nachbarn in der Einfahrt stehen haben. (Natürlich eine Ausstattung besser wählen!)

- Im produzierenden Gewerbe sind es vermutlich technische Spezifikationen, Verfügbarkeiten, Lieferwege und ausgetretene Pfade, die zur Entscheidung führen.

- Bei Businesskunden sind es sicher auch die Anwender, die Abteilung Technik, die Ingenieure oder vielleicht auch die Produktionsleiter, die eine Kaufentscheidung treffen. Vielleicht werden deren Entscheidungen noch durch Budgets und Geschäftsführungseinwände beschnitten oder gelenkt.

- Bei erklärungsbedürftigen und schwer fassbaren Gütern sind es wiederum andere Entscheider im Unternehmen. Besonders brisant: Berater und Agenturen. Meist hat dort die Geschäftsführung das Zepter in der Hand.

- Hat keiner der Beteiligten eine Präferenz? Der Fachbereich sagt tatsächlich: „Kauf mir Artikel X, egal wo!“ Dann sind es oft Arbeitsprozesse oder Begleiterscheinungen, die für eine Lieferanten-Vorgabe sorgen.

Beispiel Begleiterscheinung gibt Entscheidung vor

Einkäuferin Elvira Enders beschäftigt sich gerade mit der wöchentlichen Büromaterialbestellung. Ein Produkt ist nur beim Lieferanten Office-Design in der gewünschten Variante erhältlich. Alle anderen Produkte sind bei allen Wettbewerbern im Programm und sogar leicht günstiger.

Dennoch trifft Elvira die Entscheidung, alle Produkte bei Office-Design zu bestellen. Grund: Bei Aufsplitterung der Bestellung an zwei Lieferanten müsste sie bei Office-Design einen Mindermengenzuschlag zahlen, was den Preisvorteil zunichte macht.

Die Entscheidung an sich wird also durch den Umstand des Mindermengenzuschlags vorgegeben. Elvira ist nur die Person, die den Umstand erkennt, jedoch nicht die wahre Entscheiderin.

Quintessenz: Nur selten treffen wir als Einkäuferinnen und Einkäufer die Entscheidung, was wir bei welchem Lieferanten kaufen.

Ausnahmen: Wenn identische Produkte über verschiedene Handelswege geliefert werden. Etwa wenn der Einkäufer einen Drucker beschaffen soll. Hersteller und Typ sind durch die interne IT-Abteilung vorgeschrieben. Die Beschaffung ist hingegen über drei gleich attraktive Distributoren möglich. Das Produkt bleibt also unverändert, nur der Weg der Ware unterscheidet sich.

Aber selbst in dem Fall: Was ist schon gleich attraktiv, wenn ich an Lieferanten denke? Da existieren große Unterschiede. Und einer der Unterschiede bist Du, die Verkäuferin oder der Verkäufer!

Definition „Gut“:

Güter sind alles Produzierte, Gehandelte und Konsumierte. Das Gut ist der Sammelbegriff für all das, was Du anbietest. Das können sowohl Dienstleistungen als auch greifbare Produkte oder Rechte an z. B. einer Idee sein.

Bei Commodity-Produkten bist Du (!) der USP.

Stell Dir vor, Du möchtest heute Abend ins Kino gehen. Der von Dir ausgewählte Film wird in allen Kinos gezeigt.

Würdest Du

- in das billigste Kino gehen?
- das Kino in Deiner Nähe bevorzugen?
- dasjenige auswählen, in das die Masse geht (die hippe Location)?
- das mit der kräftigsten Sound-Anlage ansteuern?
- dem Kino mit dem angenehmsten Gestühl (viel Platz zwischen den Reihen, bequeme Sessel) den Vorzug geben?
- ... (weitere ungenannte Kriterien)?

Ich tippe darauf, dass Du eine Wahl getroffen hast, die nicht vom billigsten Preis abhängt.

Selbst bei Commodity – alle zeigen denselben Film, mit denselben Schauspielern, mit der identischen Handlung – haben wir Kriterien, die über die Wahl des Kinos entscheiden.

Das gilt genauso für Dich und Dein Produkt!

Auch wenn Deine Produkte identisch zu denen des Wettbewerbers sind, ist noch lange nicht gesagt, dass Du nicht doch einen USP hast.

USP heißt übrigens „unique selling proposition“ und beschreibt ein positiv herausstechendes Verkaufsargument. Also etwas, das Dich vom Wettbewerb positiv abhebt. Die wörtliche Übersetzung ist „einzigartiges Verkaufsargument“.

Ich möchte Dich in diesem Punkt ganz dringend überzeugen, weil er Deine Sichtweise und damit Deine Marge maximal beeinflusst. Lass uns daher kurz die Antithese anschauen: „Ein bestimmtes Produkt ist zu dem der Wettbewerber identisch.“ Wenn also dieses Produkt keinen USP hätte, dann würde sich die gesamte Nachfrage auf den Anbieter mit dem niedrigsten Preis konzentrieren. Sämtliche Umsätze würden sich auf den einen, billigsten Lieferanten weltweit konzentrieren. Alle anderen Lieferanten verlieren bereits ab einem Millicent Preisunterschied alle Aufträge.

Wäre das realistisch? Sicher nicht!

Logischer Rückschluss: Du hast viele USPs. Diese USPs müssen nicht Dein Produkt alleine betreffen. Du als Person, Deine Firma als Team, Dein Standort und Deine Art, sich um Kunden zu kümmern, führen zu Unterschieden zwischen Dir und Deinen Wettbewerbern. Womöglich erkennst Du nicht alle USPs auf den ersten Blick oder bewertest sie in der Preisverhandlung zu schwach.

Du musst also lernen, Dich und Dein Unternehmen als Teil des Gutes zu erkennen, das Deine Kunden oder der Markt aus deren

Sicht bewertet. Und so gleicht eben kein Fingerabdruck dem anderen!

Dein Angebot besteht nicht nur aus dem Produkt, sondern aus einer großen Zahl weiterer charakteristischer Elemente!

Streiche den Glaubenssatz aus Deinem Kopf: „Meine Wettbewerber bieten das gleiche Produkt günstiger an."

Neben dem nackten Produkt und dem Preis stehen viele Faktoren, die Kaufentscheidungen beeinflussen.

Im Falle des Kinobesuches ist das Gut also nicht nur der Film, den Du Dir ansehen willst. Genauso zählen die Location, die Bestuhlung, ja sogar der Geschmack des Popcorns dazu.

Noch nicht überzeugt? Dann erlaube mir, dass ich einen sehr persönlichen Vergleich ziehe. Er macht Dir sofort klar, dass Produkt nicht gleich Produkt sein kann. Wenn dem so wäre, könntest Du nämlich Deine/n Partner/Partnerin beliebig austauschen. Das Pro-dukt „Partner/Partnerin" ist in der Annahme identisch: Einen Kopf, zwei Augen, zwei Beine, zwei Arme, ... Mir sträuben sich die Haare! Dir auch? Bei diesem ganz persönlichen Vergleich ruft mein Inneres sofort: „NEIN! NICHT VERGLEICHBAR! EINZIGARTIG!"

Warum aber sind Verkäuferinnen und Verkäufer (und da nehme ich mich als Verkäufer meiner Dienstleistung nicht aus, mir geht es oft genauso wie Dir) so leicht davon zu überzeugen, alle Angebote seien vergleichbar und nur der Preis mache den Unterschied?

Wenn Du also Deiner Zukunft etwas Gutes tun willst, dann streiche Deine hinderlichen Glaubenssätze! Du und Dein Angebot sind etwas ganz Besonderes! Das Commodity-Produkt, das Du anbietest, wird durch Dich und Dein Unternehmen etwas Einmaliges, ein Unikat!

Du stehst als Commodity-Verkäufer also auf einer Stufe mit denjenigen Anbietern, die klare USPs im Produkt aufweisen.

Die folgende Grafik zeigt Dir das Beispiel einer zufällig herausgegriffenen Produktgruppe. Zwar besitzen 30 % dieser Produkte keinen USP gegenüber anderen Produkten. Gleichzeitig besitzt die Verkäuferin bzw. der Verkäufer persönliche USPs. Etwa eine versierte Beratung oder den vielzitierten Nasenfaktor.

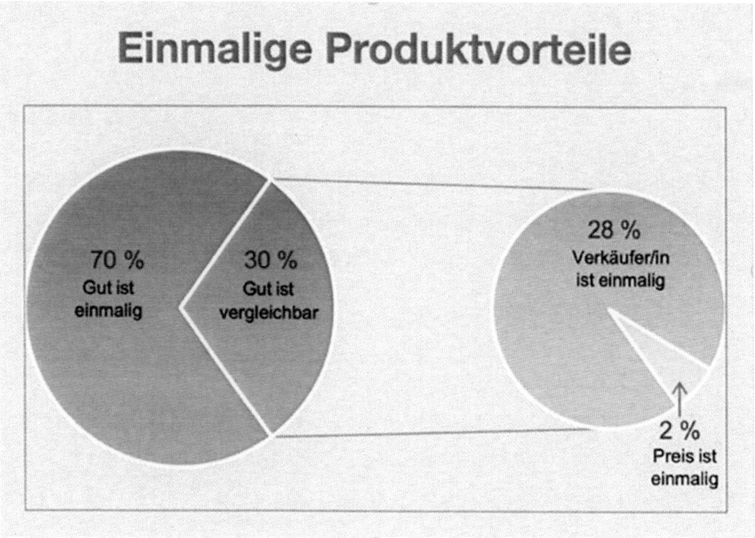

Abbildung 1: Einmalige Produktvorteile im Verkauf (USP) beziehen auch den Anbieter ein.

Neben dem Gut hast Du also ebenfalls USPs in Deiner Person oder Firma begründet. Das bedeutet nicht, dass Dein Gut deswegen zwangsläufig gekauft wird! Du und Dein Unternehmen können auch der Grund sein, warum Ihr ausgesiebt werdet.

In einem Training für den Bundesverband Materialwirtschaft, Einkauf und Logistik berichtete ein Teilnehmer über die Gepflogenheiten dortiger Auftragsvergaben.

Beispiel: Bevorzugung trotz vergleichbarer Güter

Ein Versorgungsunternehmen für Gas, Wasser und Wärme bevorzugt lokale Anbieter, um die Region wirtschaftlich zu fördern. Dort genutzte Rohre sind standardisiert, womit qualitative Unterschiede nicht ins Gewicht fallen. Trotz der intern feststehenden Bevorzugung werden offizielle Ausschreibungen durchgeführt. Für den Verkäufer oder die Verkäuferin ergibt sich der Eindruck, dass er oder sie im Wettbewerb steht. Die Verhandlungen enden jedoch stets mit dem gescripteten Ende: „Der lokale Anbieter gewinnt den Auftrag." Alle anderen Anbieter erhalten den Auftrag nicht, obwohl deren Produkte vergleichbar sind.

Für den Einkäufer gilt es, diese Bevorzugungen vor Dir und den Wettbewerbern zu verheimlichen. Ansonsten verlieren die benachteiligten Wettbewerber das Interesse, weiterhin Angebote abzugeben. Das wiederum bedeutet den Verlust einer wichtigen Messlatte für den Einkauf.

„Aber Urs, ich hätte da noch eine Frage:

Was sind aus Deiner Erfahrung heraus USPs der Person und der Unternehmen über die Produktfeatures hinaus?“

Urs Altmannsberger antwortet: „Primär sind das die sachlichen Vorteile. Der Anbieter hat womöglich sein Werk im Nachbarort und kann daher schnell reagieren, oder die administrative Abwicklung ist durch die Verbindung beider Warenwirtschaftssysteme vereinfacht.

Wenn Menschen miteinander kommunizieren, spielt die Beziehung beider Partner eine große Rolle. Sind wir uns sympathisch? Wenn also das Gut an sich, Verfügbarkeit, Nähe und vieles mehr identisch zu Wettbewerbsangeboten sind, dann kann die Beziehung das Zünglein an der Waage sein. Dann erhält der- oder diejenige mit dem höchsten Sympathiebonus den Auftrag.

Es kann aber auch sein, dass Reziprozität den Ausschlag gibt, also das Bedürfnis, eine Schuld auszugleichen. Lieferant A hatte in der Vergangenheit durch eine Nachtschicht den Kunden vor einem Produktionsabbruch gerettet. Der Einkäufer ist dafür sehr dankbar und wird bei Gleichstand der Wettbewerber A, B und C sicher A bevorzugen.

Das kann sogar in privaten Beziehungsgeflechten gipfeln. Diese sind zwar in unserer Region nicht als Kriterium für die Lieferantenwahl erwünscht, je nach Kulturraum aber durchaus vorhanden.

Auch sogenannte Softskills spielen eine Rolle. Sind zum Beispiel die Mitarbeiter eines IT-Anbieters in der Lage, die Verkabelung des Neugebäudes fachgerecht umzusetzen? Gibt es Zweifel an der Zuverlässigkeit von Kraftfahrern bei einer Spedition? Ist auf die Zusage des Verkäufers Verlass, dass die Sonder-Edition eines Haarwaschmittels keinem rivalisierenden Drogeriemarkt angeboten wird?

Und schließlich ist es noch ein großer Unterschied, ob es sich bei Dir um ein Neugeschäft oder einen Bestandskunden handelt. Hat eine Einkäuferin oder ein Einkäufer bereits langjährige positive Erfahrungen in der Zusammenarbeit mit Dir, wirst Du den Vorzug erhalten.

Du siehst, die Zahl der USPs, der Vorzüge, die über Produktfeatures hinausgehen, ist zahlreich! Lass Dich von der Vergleichbarkeit Deines Produktes also nicht entmutigen. Setze alles daran, besser, passender, schneller und sympathischer als Deine Mitbewerber zu sein."

Ziehen wir eine Zwischenbilanz:

- Einen Nachlass zu gewähren, bietet Dir nur in zwei von zehn Fällen eine Verbesserung der Situation.

- In acht von zehn Fällen senkst Du durch einen Nachlass Deinen Gewinn, änderst aber Deine Chancen nicht, den Auftrag zu gewinnen (oder zu verlieren).

- Einkäufer bekommen meist Vorgaben, was sie bei welchem Lieferanten zu beschaffen haben.

- Commodity-Produkte existieren faktisch nicht, da sie durch Dich und Dein Unternehmen zum Unikat werden.

- Im Verkauf spielt Dir Dein Urinstinkt einen Streich und bewertet die Gefahr zu verlieren höher als den Margenverlust. Innerlich empfiehlt er Dir nachzugeben, statt hart zu bleiben.

- Die Taktik „Nett, aber stur" wird Deine Marge pro Auftrag sofort steigern. Allerdings bietet die Taktik keine Differenzierung zwischen „guten, schlechten und unmöglichen Aufträgen".

- Mit den Detektivphasen der folgenden Kapitel wirst Du zu differenzieren lernen und sicherst somit vollwertige und preisreduzierte Aufträge. Unmögliche Aufträge kannst Du hingegen links liegen lassen und Deine Zeit effektiver nutzen.

Werden Einkäufer nach Savings bezahlt?

Solange der Fachbereich oder der Anwender nicht gerade nach Senkung der Ausgaben bewertet und entlohnt wird, tendiert er zur bequemeren, höherwertigen oder besseren Lösung.

Nehmen wir diese paradiesischen Zustände an: Du könntest Dir einen Firmenwagen auswählen, koste es, was es wolle. Modell, Ausstattung, Farbe, Motorisierung – alles so, wie Du möchtest. Das würde die Ausgaben in die Höhe treiben. Da bin ich mir sicher.

Die Geschäftsführung will das aber nicht und hat den Einkauf angewiesen, auf die Kostenbremse zu drücken. Doch der hat ganz eigene Interessen. Er möchte vermutlich nicht in die Kritik geraten, etwas „Falsches" gekauft zu haben. Auch möchte er die Beziehung zu Kolleginnen und Kollegen nicht strapazieren.

Es wäre nachvollziehbar, dass der Einkauf die von der Geschäftsführung gewünschten kostensparenden Entscheidungen eigennützig vorantreibt, wenn davon sein individuelles Einkommen abhängt. Im Klartext: Wenn diejenige Person im Einkauf für jeden gesparten Euro 10 Cent Gehalt erhielte, dann wären die Einkäuferinnen und Einkäufer auch bereit, die Beziehung zu den Bedarfsträgern zu stressen. Schließlich ist das eigene Portemonnaie wichtiger als die Sonderwünsche der Firmenwagennutzer.

Du merkst schon am Konjunktiv, dass dem in der Praxis nicht so ist. Auch hier treffen unterschiedliche Glaubenssätze aufeinander. Verkäuferinnen und Verkäufer gehen davon aus, dass

Einkäufer eine Art Provision für Einsparungen erhalten. Einkäuferinnen und Einkäufer aber wissen, dass dem nicht so ist. Nur in Ausnahmefällen erhalten Mitarbeiterinnen und Mitarbeiter im Einkauf einen variablen Gehaltsbestandteil, der sich am Saving orientiert. Eindrücklich zeigte sich das während meines Keynote-Vortrages auf einem Einkaufskongress in Hamburg. Dort stellte ich die Frage, welcher der Anwesenden einen Anteil seines Gehaltes durch Einsparungen erzielt.

Nur zwei Personen (gehen wir mal von 300 Zuhörern im Raum aus) hoben die Hand. Sehr wenig! Verschärfend kommt hinzu, dass auf diesem Kongress eher die hochmotivierten Einkäuferinnen und Einkäufer anzutreffen waren. Also diejenigen, die in deren Unternehmen wirklich was bewegen wollen.

Meiner Meinung nach sollten alle Einkäufer nach unternehmerischen Ergebnissen entlohnt werden. Nur dann, wenn einkaufendes Personal auch nach Savings bezahlt wird, ist es richtig heiß darauf, Dir die Euros wegzuverhandeln.

„Aber Urs, ich habe da noch eine Frage:

Im Verkauf weiß jeder Manager, dass finanzielle Anreize der Motor für eine hohe Motivation sind. Wie kann es sein, dass das im Einkauf nicht so ist?“

Urs Altmannsberger antwortet: „Doch, doch, das ist schon so. Der Zusammenhang ist in der Tat der gleiche. Wenn ein Mensch etwas erreichen möchte (in dem Fall ein hohes Gehalt), ist er bereit, sich anzustrengen. Je höher der Anreiz, desto höher die Anstrengung. Das ist im Einkauf genauso wie im Verkauf.

Wenn ich Geschäftsführer darauf hinweise, dass im Einkauf die Motivation durch Einsparungs-Provision fehlt, erhalte ich meist bremsende Antworten. So sei die Messbarkeit der Savings nicht möglich, die Marktschwankungen würden die Ergebnisse verfälschen, oder man wolle ja nicht ungesund sparen.

Ich bin da anderer Meinung, was die Messbarkeit und Marktschwankungen angeht. Es gibt immer eine Messlatte, an der wir den Erfolg ablesen können. Habe ich einen Rohstoffindex, ist es ganz einfach. Habe ich Rahmenverträge vom Vorjahr im Handel, ist es auch simpel. Und wenn es sich um Produkte handelt, die das erste Mal beschafft werden, können Erstangebote und finaler Preis mit einem ausgefeilten Algorithmus herhalten. Also beispielsweise der Durchschnittspreis aus den drei besten Erstangeboten im Verhältnis zum verhandelten Preis.

In Bezug auf die Marktschwankungen befürchtete einer meiner Chefs aus IT-Zeiten, dass Einkäufer allein durch den Produktzyklus verdienen würden. Ein neues Notebook mit aktuellster Technik kommt auf den Markt. Später sinken die Preise des Notebooks, weil Neuerungen in der Technik das Gerät zum Auslaufmodell degradieren. Die Preissenkung ist dann ja nicht der Verdienst der Einkäuferin oder des Einkäufers, sondern der technische Fortschritt. Aber auch dafür hatte ich eine Antwort: Die Messlatte war weniger der einzelne Preis, sondern vielmehr der Nachlass auf den Katalogpreis.

Wenn es Dich tiefergehend interessiert, dann lass uns das im Rahmen der kostenlosen Hotlines besprechen.

Darüber hinaus musst Du berücksichtigen, dass nicht alle Menschen nach Reichtum streben. Die Sicherheit eines fixierten Einkommens ist auch viel wert.

Mein Fazit bleibt: Mit einem klaren Gehaltsbestandteil an den Savings (wie auch immer gemessen), steigt die Motivation, zielgerichtet zu verhandeln. Das würde auch diejenigen Mitarbeiterinnen und Mitarbeiter im Einkauf halten, die viel verdienen wollen.“

Meine Meinung ist nun interessant, aber nicht entscheidend für Dich und Deine Preisverhandlungen mit Einkäufern. Für Dich zählt, was da draußen im Markt passiert. Und da sind es die wenigsten, die durch eine Preissenkung ein höheres Gehalt erreichen. Was bedeutet das jetzt für Dich und Deine Preisverhandlungen mit Einkäufern

Der Einkauf erfüllt seine berufliche Pflicht, wenn er den Preis runterhandelt. Nur in Ausnahmefällen wird er daran verdienen!

Die Wahrscheinlichkeit, dass Einkäuferinnen und Einkäufer nach sogenannten Savings bezahlt werden, steigt,

- wenn die verhandelnde Person im typischen „Handel auf der Fläche“ angestellt ist (Lebensmittelmärkte, Elektrofachmärkte, Baufachmärkte etc.),
- wenn die verhandelnde Person in der Hierarchie weit oben steht,
- wenn die verhandelnde Person Inhaber des Unternehmens ist.

Wie der Einkauf tatsächlich zum Verkäufer steht

Der Einkauf als Abteilung ist die leibhaftige Horror-Show für den Verkäufer!

- Der Einkauf frisst Marge auf!
- Der Einkauf stört die Harmonie zu Bedarfsträgern!
- Der Einkauf hat fiese Methoden, zu verhandeln!

Abbildung 2: Raum Alcatraz I in Frankfurt (Foto: Urs Altmannsberger)

Ab heute siehst Du die Welt der Einkäufer klarer! Denn vielmehr stimmt: Der Einkauf ist der geheime Partner des Verkaufs! Hinter den Kulissen der Horror-Show sind wir Freunde! Sobald die Kameras abgeschaltet werden, sind James Bond und sein fieser Widersacher Ernst Stavro Blofeld dicke Freunde. Wir haben viel mehr übereinstimmende Interessen, als Du es vermutlich wahrnimmst. Gut, wir Einkäuferinnen und Einkäufer tun nun wirklich alles, damit Du uns fürchtest. Das ist aber eben nur eine Show! So, wie der Verhandlungsraum Alcatraz im Untergeschoss des Altbaus auf o. g. Bild.

Eigentlich ist das Verhalten von Verkäuferinnen und Verkäufern die Ursache dieser Horror-Show. Würden Deine Kolleginnen und Kollegen direkt die bestmöglichen Konditionen und Preise anbieten, gäbe es vermutlich keinen Einkauf in der jetzigen Form. Ein Bestellwesen würde voll ausreichen. Der Part der Preisverhandlung fiele komplett weg. Die Einkäuferinnen und Einkäufer wären nur noch Beschaffer oder Verfügbarkeitsmanager! Denn der Preis wäre ja bereits top.

Mit der Kenntnis über diesen Zusammenhang ergibt sich doch eine ganz andere Basis für unserer Kooperation:

Wie viel leichter wäre es, wenn der Verkauf dem Einkauf sofort die richtigen Konditionen und Preise anböte?

Wie viel leichter wäre es, wenn Einkäuferinnen und Einkäufer dem Verkauf sagen könnten: „Du bist unser Partner, mit dem wir zusammenarbeiten wollen!“, ohne dabei fürchten zu müssen, den Preis damit nach oben zu katapultieren?

Offenheit, Vertrauen und ein fast schon kollegiales Verhältnis auf beiden Seiten führen zu einem angenehmen Miteinander!

Ich habe tatsächlich Lieferanten, mit denen es genau so läuft. Leider sind es nur wenige. Aus dem Blickwinkel Einkauf gibt es dafür zwei gravierende Gründe:

Grund #1, warum wir Einkäufer Euch Verkäufern nicht trauen dürfen: „Der Verkauf wird dafür bezahlt, den Einkauf zu überlisten."

Versetz Dich in meine Lage: Welcher der beteiligten Parteien an einer Preisverhandlung kannst Du mehr vertrauen, und welche Partei wird eher darauf zielen, den anderen „über den Tisch zu ziehen"?

- Der Einkauf, der durch Preissenkungen keine persönlichen Vorteile erringt, also sehr nüchtern an die Sache herangeht,

- oder der Verkauf, der attraktive Provisionen und Belobigungen dafür erhält, möglichst viel zu einem möglichst hohen Preis zu verkaufen?

Unparteiisch betrachtet ist die Lösung klar: Der Verkauf wird erfolgsorientierter handeln, viel mehr Anstrengung leisten, Kraftaufwand, Mühe, Fleiß und Ausdauer an den Tag legen, den Einkäufer zu überlisten und an den Auftrag zu kommen. Das ist nicht verwerflich, erklärt aber, warum Einkäufer Dir grundsätzlich misstrauen müssen. In vielen Kulturkreisen gilt es sogar als schick, den anderen über den Tisch zu ziehen und den besseren Schnitt zu machen

Grund #2, warum Einkäufer Verkäufern nicht trauen dürfen: „Die Erfahrung zeigt, es geht immer was!"

Kennst Du schon mein Lebensmotto? Es lautet: „Mindestens 1 % geht immer – auch partnerschaftlich!" Meine Erfahrungen von Kindesbeinen an sind: Verkäufer können immer den Preis senken! Das erste Angebot ist nie das letzte Angebot. Selbst wenn in der Momentaufnahme das Limit erreicht ist, so kann schon kurz darauf wieder eine Preissenkung möglich sein.

Wir Einkäufer erkennen, dass Deine Kolleginnen und Kollegen im Verkauf meistens bluffen. Selbst wenn wir hören: „Das ist jetzt echt schon mit spitzem Bleistift kalkuliert!", stehen wir oft erst am Anfang einer langen Nachlass-Reihe.

Wie soll ich also glauben, was der Anbieter in das Angebot schreibt? Wie erkenne ich im Einkauf, dass gerade Du mir die Wahrheit sagst, während mich alle anderen austricksen wollen? Kunden brauchen die Gewissheit, den richtigen Preis für das gewünschte Gut zu erhalten.

Mit diesen Gründen vor Augen kannst Du nun besser nachvollziehen, warum Firmen eine extra Abteilung installieren, die als zentrale Aufgabe hat, aus den ursprünglichen Angeboten des Lieferanten die Wahrheiten herauszufiltern.

Sieh den Einkäufer nicht mehr als Deinen Feind, sondern als freundliche Filterfunktion.

Wir im Einkauf machen den Weg frei für den Abschluss!

Wir filtern aus Deinem Angebot den „Hätte-ich-gerne-Preis" heraus, damit wir auf dem Niveau von „Das-ist-der-wirklich-angemessene-Preis" zusammenkommen.

Bitte komme nicht auf die Idee, den Prozess abzukürzen und ab morgen nur noch die wahren Preise in Deine Erstangebote zu schreiben. Dafür ist die Einkaufs-Welt (noch) nicht bereit. Du wärest enttäuscht, weil dieselbe Nachlass-Forderungs-Maschinerie weiterliefe, Du jedoch keinen Spielraum mehr hast.

Im ersten Schritt ist schon super, dass Du nun die Hintergründe kennst, warum wir Dir nicht vertrauen dürfen, und Du damit Deine Einstellung zu uns Menschen im Einkauf ändern kannst. Übernimm jetzt die neue Sicht auf den Einkauf: Freund statt Feind. Du wirst mit einem ganz anderen Gefühl in Deine kommenden Verhandlungen gehen und sie auch anders erleben.

Was bleibt, ist das professionelle Verhandeln der Preise und Leistungen. Wer darin besser ist, wird besser für sein Unternehmen abschließen.

Neue Sichtweise sacken lassen

Wie geht es Dir mit den neuen Einblicken in die Welt des Preisnachlasses, der Vorentscheidungen und des Habitus des Einkaufs? Aus den Trainings weiß ich, dass es für Dich von „Unfassbar!“ über „Kann ich gar nicht glauben!“ bis hin zu „War mir klar, aber noch nicht transparent!“ alles bedeuten kann. Wesentlich ist, wie Du zukünftig mit Nachlässen und Zugeständnissen umgehen wirst.

Wie schon angekündigt wirst Du bald eine weitreichendere Transparenz darüber haben, was entscheidend ist: Der Einkauf, der Preis oder was sonst über die Auftragsvergabe in Deinem ganz individuellen Fall wichtig ist.

Es erfordert Training. Du wirst merken, wie Du von Deal zu Deal besser und sicherer wirst. Frei nach Julius Caesar: „Lasset die Spiele nun beginnen!“ Als Erstes schauen wir uns die Muskeln der freundschaftlichen Kontrahenten an. Die nennen sich BATNAs.

Fazit:

- Die meisten Preisverhandlungen könnten mit einem deutlich besseren Ergebnis für den Verkauf abgeschlossen werden, würden Nachlässe zurückhaltender angeboten!
- In acht von zehn Preisverhandlungen steht schon zu Beginn fest, wer den Auftrag am Ende erhält. Steigst Du auf die „Nett-aber-stur"-Taktik um, ändert sich dann nichts an der Verteilung der Aufträge, Deine Marge hingegen steigt erfreulich.
- Dein Produkt ist kein Commodity-Produkt, und falls doch, bist DU der USP!
- Wer Kampfpreise anbietet, um zu überleben, treibt ganze Märkte in den Ruin! Eine professionelle Verhandlungskultur der Preise ist für Dich wie auch für Deine Wettbewerber Pflicht! Wende daher niemals die „Welcher-Schmerz-ist-geringer-Kalkulation" an!
- Beratungswettbewerb ist entscheidender als Preiswettbewerb.
- Siehe den Einkäufer nicht mehr als Deinen Feind, sondern als freundliche Filterfunktion. Einkäufer filtern aus Deinem Angebot den „Hätte-ich-gerne-Preis" heraus, damit wir auf dem Niveau von „Das-ist-der-wirklich-angemessene-Preis" zusammenkommen.

BATNAs – Alternativen und Konsequenzen

Was Du in diesem Kapitel lernst:

- Dass Menschen Risiken stärker gewichten als Chancen und damit zwangsläufig zu einer falschen Bewertung der Verhandlungssituation kommen.
- Dass Verkäufer sicherheitshalber Nachlässe gewähren, um dem vermeintlichen Risiko auszuweichen, den Auftrag zu verlieren.
- Wie Du mit der Altmannsberger-Methode der 4plus-BATNAs zu einer optimalen Einschätzung der Machtverteilung kommst und damit künftig mehr Marge erzielst, ohne zusätzliche Aufträge generieren zu müssen.
- Wir definieren den Begriff des Akronyms BATNA aus dem Harvard-Konzept, und was es für Preisverhandlungen bedeutet.
- Niemals zu vergessen, neben Deiner BATNA vor allem die des Einkäufers zu beleuchten.

BATNAs und wie sie Deine Verhandlung beeinflussen

Du kennst den Begriff BATNA bereits? Dann kannst Du direkt zur nächsten Überschrift weiterblättern. Ansonsten ist es meiner Meinung nach sehr wichtig, BATNAs zu kennen und den Begriff zu verwenden. Es ist darüber hinaus auch ausgesprochen schick, den Begriff BATNA in Verhandlerkreisen fallen zu lassen. Du zeigst Dich damit als Kenner und Könner.

1981 veröffentlichten Roger Fisher und William Ury (Getting to yes: negotiating agreement without giving in) das bei uns als Harvard-Konzept bekannte Werk rund um die Verhandlungsführung. Ich selbst las deren Buch erst nach meinem Schritt in die Selbständigkeit 2001. Ich war erstaunt, wie viele meiner Praxiserfahrungen ich dort wiederfand. Fisher und Ury prägten den Begriff BATNA. Das Akronym bedeutet ausgeschrieben:

Best
Alternative
To a
Negotiated
Agreement

Auf Deutsch übersetzt: „Beste Alternative zur verhandelten Einigung“.

Ein Detail würde ich gerne verändern, denn „negotiated“ mit „ed“ ist die Vergangenheitsform. Für Verhandler ist es jedoch nicht ausreichend, nach dem erfolgreichen Abschluss oder dem

Scheitern einer Verhandlung über Alternativen nachzudenken. Vielmehr sollte er immer schon einen Plan B in der Tasche haben, bevor die Verhandlung startet! Das nimmt den Zwang, mit dem aktuellen Verhandlungspartner zu einer Einigung kommen zu müssen.

Beispiel: Gehaltsverhandlung

Du willst ein höheres Gehalt mit Deiner Vorgesetzten verhandeln. Du sagst ihr: „Entweder ich bekomme 1.000 Euro mehr oder ich verlasse das Unternehmen!“

Sie antwortet: „Einverstanden, dann wünsche ich Ihnen alles Gute für die Zukunft! Auf Wiedersehen!“

Dir fällt siedend heiß ein, dass Du keinen neuen Job in Aussicht hast. Keine gute Idee!

Denk also vorher über Deine BATNAs nach, und steige passend dazu in die Verhandlung ein. Stelle keine Ultimaten, die Du nicht durchziehen kannst.

Du wirst Dich in Deinen Verhandlungen sicherer fühlen, wenn Du bereits eine oder mehrere Alternativen hast, bevor Du in die Verhandlung einsteigst. Ich übersetze also den Leitsatz des Harvard-Konzeptes in Deine Praxis:

Welche Alternativen hast Du,
falls die bevorstehende Verhandlung scheitert?

Nehmen wir das Beispiel IT-Service, das uns noch gut in Erinnerung ist. Im Unterschied zum vorherigen Setting hast Du diesmal doppelt so viele Aufträge wie verfügbare Service-Mitarbeiter. Du musst entscheiden, wie Du die vorhandenen Ressourcen einsetzt. Alles gleichzeitig ist nicht machbar. Du hast mindestens drei Alternativen:

A) Du wirst Dein Team zu Nachfrager 1 oder
B) zu Nachfrager 2 schicken oder
C) das Team aufsplitten.

Findest Du keine Einigung mit Nachfrager 1, bleibt Dir Nachfrager 2 als Alternative. Kommst Du mit Nachfrager 2 dann zu einer Einigung, hast Du 100 % Deines Ziels erreicht. Dein Service-Team ist voll beschäftigt. Gut wäre es, schon bei der Verhandlung mit Nachfrager 1 einen vorverhandelten Vertrag mit Nachfrager 2 in der Tasche zu haben.

Was passiert im Einkauf von Nachfrager 1? Setzen wir das Beispiel für die verhandelnde Person im Einkauf fort. Was bleibt der Einkäuferin oder dem Einkäufer, wenn sie mit Dir keine Einigung findet? Kein IT-Service ist keine Lösung! Sie steht unter Handlungsdruck und muss einen Vertrag abschließen.

Und auch auf der Gegenseite gilt: Entweder hat der Einkauf eine gute BATNA oder er steht seinerseits unter großem Druck. Findet er mit einem zweiten Anbieter eine Einigung (natürlich zum Wunschpreis des Einkaufs), dann hätte auch der Einkauf 100 % seines Ziels erreicht. Hat der Einkauf dagegen keine Alternative und ist auf Dein Service-Team angewiesen, dann bricht bei ihm die große Not aus, sobald die Verhandlung zu scheitern droht! Der Einkauf wird dann versuchen, doch noch mit Dir ins Geschäft zu kommen, selbst zu einem viel höheren Preis. Diesen Effekt werden wir später beim Mauertest zu Deinem Vorteil nutzen.

> BATNAs steigern die Macht des Verhandlers.
> In Deinen typischen Verhandlungssituationen existieren 4 BATNAs parallel.

Und Du erkennst schon gleich: Es dreht sich nicht nur um eine BATNA. Im Kalkül einer typischen Verhandlung gibt es mindestens 4 BATNAs, die Du für Dich künftig vor wichtigen Verhandlungen detailliert abklären musst.

Die 4plus-Methode

Schätze die Machtverteilung besser ein! Die Altmannsberger 4plus-Methode zeigt Dir genauer an, wie machtvoll Deine Position in der Verhandlung ist.

Schon einfache Preisverhandlungen im Business haben vier Beteiligte. Deren BATNAs entscheiden darüber, wer die Verhandlung „gewinnen“ wird. Das Plus-Zeichen steht stellvertretend dafür, dass es oft weitere Beteiligte gibt, etwa den Fachbereich oder die Anwender.

Darf es in einer Verhandlung Verlierer geben?

Nein. Letzten Endes müssen in jeder Verhandlung alle Beteiligten gewinnen. Du hast bestimmt schon vom Win-Win-Prinzip gehört. Eine Geschäftsbeziehung hat nur dann dauerhaft Bestand, wenn alle Beteiligten aus dem Zusammenwirken einen Vorteil (= Win) ziehen. Verliert eine Partei, wird sie sich aus dem Geschäft baldmöglichst zurückziehen und eine Alternative suchen.

In der Wirtschaft ist generell ein finanzieller Gewinn der angestrebte Vorteil. Produziere etwas für 80 und verkaufe es für 100. Genauso kann aber auch ein Zwischenziel angestrebt sein, was vorerst einen Verlust bedeutet, langfristig aber vorteilhaft ist. Drucker sind dafür ein gutes Beispiel. Oft werden die Herstellkosten des Druckers nicht durch den Verkauf des Gerätes an sich gedeckt. Der gewünschte Profit entsteht erst durch den Verkauf der Verbrauchsmaterialien (z. B. Toner). Der Druckerhersteller hat also nicht „verloren", weil er beim Verkaufspreis nicht kostendeckend ist.

Alle vier Beteiligten versuchen, durch eine Vereinbarung eine Verbesserung der jetzigen Zustände herbeizuführen. Jede Partei will ein „Win" erreichen. Diesen „Win" vergleicht jede Partei mit den sich anderswo oder anderswie bietenden „Wins" – den BATNAs.

Du als pfiffige Verkäuferin oder pfiffiger Verkäufer willst nun dieses Zusammenspiel der BATNAs und Wins so steuern, dass es zu dem von Dir angestrebten Ergebnis führt. Beachte also alle vier BATNAs, statt nur Deine eigenen!

Diese Mitspieler und deren Wins stehen in Interaktion:

Wichtige Abbildungen, Tabellen und Zusatz-Informationen findest Du zum kostenlosen Download auf https://profitablerverkauf.de/downloads

Mitspieler	Angestrebtes Win
Du selbst als Verhandlerin oder Verhandler im Verkauf.	Du möchtest Provision für den Abschluss des Vertrages erzielen (persönliche Motivation), um damit Deinen Lebensunterhalt zu bestreiten.
Deine Firma als Anbieter und Institution, die Güter oder Dienstleistungen für den Kunden bereitstellt.	Deine Firma will durch den Verkauf von Gütern und/oder Dienstleistungen einen Gewinn erzielen (Geschäftszweck).

Mitspieler	Angestrebtes Win
Der potenzielle Kunde, der das Gut Deiner Firma oder eines Wettbewerbers erwerben möchte.	Der Kunde ge- oder verbraucht das Gut, um z. B. etwas zu produzieren oder interne Abläufe zu erleichtern (ebenfalls Geschäftszweck), mit der Absicht, damit wiederum Gewinne zu erzielen.
Die Person gegenüber, mit der Du verhandelst, in unserem Fall eine Einkäuferin oder ein Einkäufer.	Die einkaufende Person möchte das Gehalt für die Zukunft sichern (persönliches Motiv). Daher muss sie zeigen, dass sie die Anforderungen des Vorgesetzten erfüllt.

Tabelle 2: Interaktion Mitspieler und Wins

Welche BATNAs haben diese Beteiligten? Was können diejenigen stattdessen tun, wenn die Verhandlung scheitert?

Unterbewusst wirst Du stets nur Deine BATNAs bewerten, alle anderen lässt Du zunächst außer Betracht. Das ist menschlich, aber hier hinderlich. Wieso aber setzen wir uns vorrangig nur mit unseren BATNAs auseinander? Das liegt schon Jahrmillionen und länger zurück. Ob nun Evolutionstheorie von Charles Darwin oder göttliche Weichenstellung – es war schon immer klug, im Zweifel etwas vorsichtiger zu sein. Lieber einen Schritt weiter von einer vermeintlichen Gefahrenquelle entfernt bleiben. Dieser Schritt konnte zwischen Überleben und Tod entscheiden. Wir sind urzeitliche Angst-Geschöpfe, und das spielt auch heute noch eine entscheidende Rolle.

Deutlich wird es bei Höhenangst. In Norwegen am Lysefjord gibt es einen populären Anziehungspunkt für Touristen: Die 604 Meter über dem Fjord herausragende Felsnase „Preikestolen". Viele Menschen verspüren ein mulmiges Gefühl, wenn sie so hoch oben über dem Fjord ohne Geländer an die Abbruchkante treten. Die meisten bleiben einige Schritte vorher stehen und können keinen Schritt weiter an den Abgrund herangehen. Der Grund: Das auf Überleben programmierte innere Alarmsystem springt an und mahnt, Abstand von der Gefahrenstelle zu halten.

Genau dieses System springt bei Dir in Verhandlungen an und mahnt Dich, Abstand zu halten – im Fall der Preisverhandlung – vor einem drohenden Vertragsverlust.

Es ist erkennbar ein ganz natürlicher Prozess. Deinem Denksystem ist Dein Wohlergehen wichtig. So kommt es zur argwöhnischen Bewertung von Gefahrensituationen. Wenn es um Preisverhandlungen geht, wirst Du als Verkäufer zu einer zaghaften Vorhersage tendieren. Dein Alarmsystem sagt Dir: Es ist besser, auf einen Teil der Marge zu verzichten, als den Auftrag komplett zu verlieren. Das wiederum verleitet Dich dazu, mehr Nachlass zu gewähren und umfangreiche Zugeständnisse zu offerieren.

Damit Du künftig Dein zauderndes Unterbewusstsein bei Preisverhandlungen mit Fakten und bewussteren Beobachtungen auf den Boden der Tatsachen holen kannst, analysierst und bewertest Du die BATNAs bewusst. Dabei hilft Dir das inzwischen von mir vermittelte Know-how über die Einkäuferinnen und Einkäufer.

Die BATNAs der Gegenseite als wichtigstes Instrument zur Einschätzung der Machtverhältnisse

Jetzt kommt Psychologie ins Spiel! Einfühlungsvermögen ist gefragt. Betrachtest Du isoliert Deine eigene BATNA, so kannst Du keine taugliche Vorhersage über den Ausgang der Verhandlung treffen. Nur wenn Du

- alle BATNAs
- aller Beteiligten,
- insbesondere auch die der Gegenseite,

realistisch einschätzt, ist Deine Vorhersage eine praktikable Stütze für Entscheidungen in der Verhandlung. Du wirst dann genauer sagen können, unter welchem Handlungsdruck die Gegenseite steht und wie weit Du Dich vortrauen kannst. Ein cineastisches Beispiel verdeutlicht Dir, wie hilfreich die Betrachtung aller BATNAs ist:

1984 war ein Film populär: Footloose. Eine der Schlüsselszenen zeigt eine Mutprobe. Zwei Burschen fahren mit zwei alten Traktoren aufeinander zu. Wer vom Fahrzeug abspringt oder ausweicht, gilt als Feigling, der andere als Held. Die Idee dazu ist als Chicken-Game in der Spieletheorie bekannt.

Begehen wir absichtlich den Fehler und blicken nur einseitig auf eine BATNA, um daraus zu lernen. Welche Alternativen stehen dem einen Burschen zur Verfügung?

- Der Bursche kann ausweichen oder abspringen. Dann ist er zwar kein Held, bleibt dafür aber gesund.

- Der Bursche kann auf den anderen Traktor zufahren. Es kommt zum Zusammenstoß, und er wird sich verletzen. Ein Held ist er dennoch nicht, weil auch der andere nicht ausgewichen ist.

In beiden Fällen verfehlt der Bursche das Ziel, ein Held zu sein. Im schlechteren Fall gefährdet er zudem seine Gesundheit. Wie wird er sich in der akuten Situation entscheiden? Wir haben bereits den Überlebenstrieb des Unterbewusstseins angesprochen. Diesem Trieb ist die Gesundheit wichtiger. Es gehört schon viel dazu, diesen Trieb willentlich auszublenden. Bewertet der Bursche also nur (s)eine BATNA, wird er ausweichen.

Wie sieht es mit seinem Kontrahenten aus? Wenn auch der nur die eigene BATNA auswertet, wird er gespiegelt zum gleichen Ergebnis kommen. Ausweichen ist besser.

Solange beide Burschen keine BATNA-Experten sind, werden also beide ausweichen. Dabei bezeichnen wir sie nicht als gleich feige, sondern als gleich klug. Zumindest unterbewusst stimmt das.

Nehmen wir nun an, der erste Bursche denkt zudem über die Alternativen seiner Gegenseite nach, wird er vorhersagen, dass der andere ausweicht. Daraufhin wird der Weg frei, Held zu werden, indem er seinen unterbewussten Erhaltungstrieb durch die bewusste Entscheidung weiterzufahren unterdrückt.

„Aber Urs, ich habe da noch eine Frage!

Könnte es nicht auch passieren, dass keiner der beiden Fahrer ausweicht, weil beide BATNA-Profis sind?“

Urs Altmannsberger antwortet: „Theoretisch ja! Die innere Alarmglocke wird jedoch immer lauter schrillen, je näher sich die Kontrahenten kommen. Bei einem der beiden wird die Sicherung minimal früher durchbrennen. Der weicht dann aus. Sind sich beide ohne Restzweifel sicher, es ist der andere, der ausweicht, käme es zum Crash.

Für Dich gibt es in der Verhandlung dann die Lösung des Mauertests. Er ist die ultimative Lösung kurz vor dem Crash, falls die Detektivphasen kein sicheres Ergebnis erbracht haben. Beide Begriffe und deren Anwendung beschreibe ich Dir in den Folgekapiteln.“

Du hast die Wahl, nur eine BATNA oder alle zu beleuchten. Besser ist es in jedem Fall, die BATNAs beider Kontrahenten zu erkennen. Dazu versetz Dich bitte mal in die Rolle der Zuschauer in unserem Hollywoodstreifen: Du beobachtest zwei Traktoren und zwei Burschen, die aufeinander zufahren. Als Zuschauer fällt es Dir leicht, beide BATNAs neutral zu analysieren. Du selbst bist nicht betroffen. Du weißt, es ist eine Mutprobe und einer wird ausweichen oder abspringen. Als Zuschauer wirst Du also nicht in Panik ausbrechen, sondern gespannt die Reaktionen abwarten. Und genau diesen entspannten inneren Zustand wünsche ich Dir für Deine zukünftigen Preisverhandlungen mit Einkäuferinnen und Einkäufern.

Falls Du den Film nicht kennst, löse ich die Story für Dich noch auf: Die zwei Burschen sind sehr unterschiedlich. Ren MacCormack ist erst vor Kurzem in den Ort gezogen und bemüht sich um Anerkennung in der Gruppe. Heldenmäßig ist er auf Level null. Woody dagegen ist der Star der Clique und gilt als taffer Kerl. Einfach ausgedrückt: Ren hat nichts zu verlieren, Woody dagegen sehr viel. Woody muss bestehen und steht stärker unter Druck. Ren (der ja nichts zu verlieren hat) verliert als erster die Nerven und will abspringen. Sein Schnürsenkel hat sich jedoch so in einem der Pedale verheddert, dass er nicht abspringen kann. Und so kommt es, dass der vermeintlich mutigere Woody abspringt und samt Traktor im Wassergraben landet, während Ren als Held gefeiert wird.

Statt die Nerven zu verlieren, wirst Du in der Zukunft die Situation vorbereiten, einschätzen und beobachten. Zu Hilfe kommt Dir dann der bewusste Perspektivenwechsel, anhand dessen Du alle Fakten bewertest. Je nach Ablauf der Verhandlung wirst Du dann Deine überlegte Entscheidung aus der Adlerperspektive treffen.

Setzen wir es praktisch an einigen Beispielen um!

Deine BATNAs kennst Du. Die Deines Unternehmens liegen auch recht transparent vor Dir. Versuchen wir also die BATNAs der Gegenseite ebenfalls ans Licht zu bringen, die des Kunden und die des Einkäufers.

Nr. 1: Die BATNAs des Kunden

Zuerst betrachtest Du die BATNAs des Kunden. Lass ihn uns einfach Kunden nennen, auch wenn er momentan noch Anfrager ist und es unklar ist, ob er kaufen wird.

Welche Alternativen stehen diesem Kunden zur Verfügung, und was bedeuten sie für ihn? Welchen Einfluss hätte eine Entscheidung auf dessen Prozesse, Produkte und die administrative Abwicklung? Versetze Dich in die Situation Deines Kunden. Nutze all Deine Erfahrung und Empathie, um dem nachzufühlen.

Bist Du bereit? Dann sieh Dir nun die Beispiele an und ziehe Deine Schlüsse:

Beispiel 1:

Du bist Chef eines Herstellers von Baumaschinen. Von einem Lieferanten beziehst Du Schweißgas. Das Gas macht nur einen Promillewert der Herstellkosten Deiner Produkte aus. Ist das Gas von minderer Qualität oder wird es zu spät geliefert, musst Du Deine Produktionsstraße jedoch stoppen.

Wärest Du in dieser Situation bereit, Deinen Lieferanten für Schweißgase zu wechseln, wenn Du damit minimal am Gaspreis sparst?

Beispiel 2:

Du bist Vorstandsvorsitzender einer Versicherungsgesellschaft. Aktuell sind alle Mobilfunktarife bei dem Anbieter abgeschlossen, der die beste Netzabdeckung in Deinem Land bietet. Die Wettbewerber dieses Mobilfunkdienstleisters können Dir Tarife mit 5 % niedrigeren Preisen anbieten, haben aber einige Funklöcher. Der administrative Aufwand für den Wechsel ist groß. Alle betroffenen Mitarbeiter bekämen neue Geräte.

Würdest Du den Mobilfunkanbieter wechseln, um 5 % der Telefoniekosten zu sparen?

Beispiel 3:

Du bist Inhaber eines kleinen Getränkehandels. Der Tank Deines Auslieferfahrzeuges ist fast leer.

Würdest Du an der 100 m weit entfernten Tankstelle Dein Fahrzeug befüllen, wenn es dort 5 % günstiger ist?

Beispiel 4:

Du bist Geschäftsführer eines Finanzdienstleisters. Die 200 Mitarbeiterinnen und Mitarbeitenden im Außendienst werden mit Smartphones ausgestattet. Deine Mitarbeiter bevorzugen ein spezielles Smartphone einer Premiummarke. Es ist doppelt so teuer wie ein anderes Gerät, bietet aber funktional keinen großen Vorteil. Die Grundfunktionen wie Telefon, Kalender, Navigation und Google sind bei allen Alternativen gewährleistet.

Erfüllst Du den Wunsch Deines Verkaufsteams?

Versuche möglichst praxisnah und unvorbelastet eine Entscheidung zu treffen. Stellvertretend für die unendliche Zahl der unter-schiedlichen Situationen, aller Alternativen und Kombinationen in allen Branchen und Wertschöpfungsketten gebe ich Dir eine Reihe von Denkanstößen. Das wird Dir helfen, die richtigen Schlüsse für die BATNAs in bevorstehenden Preisverhandlungen zu ziehen.

Lass uns live miteinander reden, stelle Deine Frage!

Gerne können wir Deinen individuellen Fall im Rahmen der Gratissprechstunde „Hotline“ besprechen.

Auf der Seite www.altmannsberger-verhandlungstraining.de findest Du die Hotline-Termine. Der QR-Code führt Dich ohne lästiges Tippen dorthin.

Alternativ vereinbarst Du einen Exklusivtermin für Dich. Das Erstgespräch ist stets kostenlos.

BATNA des Kunden	Du bist gedanklich der „Geschäftsführer" des Kunden. Diese Gedanken kreisen in Deinem Kopf:
Bezug der Güter beim bisherigen Lieferanten	Die Prozesse sind zuverlässig und eingespielt. Risiken sind bekannt. Bisher hat es funktioniert. Ja, es kostet ein paar Euro mehr, aber will ich dafür mögliche Risiken einer Veränderung tragen?
Bezug der Güter bei einem neuen Lieferanten	Wie gut kenne ich den Wettbewerber? Ist er tatsächlich besser, günstiger, näher, zuverlässiger? Bietet mir der Lieferant womöglich nur zum Einstieg günstigere Preise gefolgt von baldigen Preiserhöhungen?
Wechsel zu einem Wettbewerber	Welche Kosten fallen für einen Wechsel an? Müssen Werkzeuge neu hergestellt werden? Wie sieht es bei Gewährleistungsfällen aus, wenn mehrere Lieferanten ein Produkt geliefert haben? Kann ich klar erkennen, von welchem Lieferanten ein defektes Teil geliefert worden war? Wie viel Know-how geht durch einen Wechsel verloren?
Kauf verschieben (z. B. mit der alten Maschine weiter produzieren)	Wie viel günstiger/teurer sind Reparaturen gegenüber einer Neuanschaffung? Ist eine neue Maschine wirklich zuverlässiger? Wie ist der langfristige Effekt auf die Effizienz? Wie viel Schulungsaufwand muss ich hinzu kalkulieren? Wie gravierend ist ein Maschinenstillstand für die Produktion?

BATNA des Kunden	Du bist gedanklich der „Geschäftsführer“ des Kunden. Diese Gedanken kreisen in Deinem Kopf:
Smart-phones diverser Hersteller	Die notwendigen Grundfunktionen eines Smartphones im Außendienst werden von allen Herstellern erfüllt. Meine Außendienstlerinnen und Außendienstler kann ich mit dem Wunschgerät motivieren oder einen kleinen Aufstand provozieren, wenn ich die Billig-Version vorschreibe. Über welchen Betrag rede ich, wenn meine Außendienstmitarbeiterinnen und Außendienstmitarbeiter eine Woche oder länger demotiviert sind? Wie ist das im Vergleich zur Einsparung bei der Smartphone-Beschaffung?

Tabelle 3: Gedanken zu BATNAs aus der Sicht der Kundengeschäftsführung

Du erkennst: Die Gedanken eines Geschäftsführers haben je nach der zu treffenden Entscheidung eine ganz unterschiedliche Gewichtung und Bedeutung. Werde Profi in der Bewertung aus Sicht der Gegenseite!

Wenn es bei Dir um besonders wichtige Verhandlungen geht, habe ich einen weiteren Vorschlag für Dich: Nutze die nächste Kaffeepause dazu, mit einer Deiner Kolleginnen oder einem Deiner Kollegen mögliche weitere Denkansätze des fiktiven Geschäftsführers zu finden. Dabei kommen bestimmt noch weitere entscheidende Aspekte zum Vorschein, auf die Du Dich dann rechtzeitig vorbereiten kannst.

Gehen wir jetzt davon aus, Du hast Dich ausreichend mit den vermuteten Gedanken Deiner Gegenseite beschäftigt. Bitte wäge nun ab:

- Wird der Geschäftsführer bevorzugt bei einem anderen Lieferanten (als vom Anforderer gewünscht) kaufen, nur weil dort ein leicht niedrigerer Preis angeboten wird?
- Oder ist es eher wahrscheinlich, dass er bei dem gewohnten Lieferanten kauft?
- Und wir hatten ja noch die Alternative, gar nicht zu kaufen, wenn es um den Ersatz einer Produktionsmaschine geht.

Kreuze die von Dir vermutete Reaktion des Geschäftsführers an:

Reaktion vom				
Geschäftsführer/in	Wird sicher bei mir kaufen	Vermutlich bei mir	Zieht eher den Wettbewerber vor	Wird auf keinen Fall bei mir kaufen
Punkte	+8	+4	-4	-8

Tabelle 4: Reaktion des Geschäftsführers

Nr. 2: BATNA der Einkäuferin oder des Einkäufers

Die zweite BATNA, die Du in der Folge analysierst, ist die der Person im Einkauf. Welche Alternativen stehen ihr zur Verfügung, und wie würden sie sich auf die Entscheidung auswirken?

Gehe den gleichen Weg wie eben, versuche Dich ganz intensiv in die Position des Einkaufs zu versetzen. Das wird Dir am Anfang schwerfallen, denn Du bist seit Jahren oder Jahrzehnten in Deiner Rolle als Verkäuferin oder Verkäufer geübt. „Einfach mal umzuschalten", dazu gehört schon was! Doch Du wirst sehen, je häufiger Du künftig Deine gedanklichen Positionen switchen wirst, umso einfacher wird der Wechsel für Dich. Mit etwas Übung wirst Du die Sichtweisen wechseln können, als wären es Stühle in einem Konferenzraum. Du setzt Dich gedanklich einfach mal auf die andere Seite. Dort, wo sonst die Einkäuferin oder der Einkäufer Platz nimmt.

Jetzt, beim ersten Mal, helfe ich Dir mit einem kleinen Mantra, das Du für Dich im Stillen oder auch laut lesen kannst:

„Ich bin für die nächsten Minuten Einkäufer/in. Ich sitze Tag für Tag in meinem Büro. Schon seit Jahren gibt es kaum eine Veränderung. Ich kaufe für Kolleginnen und Kollegen in meinem Unternehmen ein. Es sind anonyme Güter. Ich persönlich brauche diese Güter nicht, es sind Leistungen und Produkte für andere. Mein Gehalt richtet sich nicht nach den Einsparungen. Ich bekomme ein fixes Gehalt und keinen zusätzlichen Bonus für Einsparungen. Wenn ich zu teuer einkaufe, muss ich mich allerdings rechtfertigen. Anerkennung für gute Leistungen zeigt dagegen kaum jemand. Die Zeit für meine Verhandlungen ist viel zu knapp. Neben mir auf dem Tisch warten zig administrative Aufgaben, die alle noch heute erledigt werden müssen." Lache nicht! So ist die Welt für uns Einkäufer/innen. Frag doch mal die in Deinem Unternehmen! Sicher gibt es Ausnahmen. Genau die sollst Du aber jetzt ausblenden! Deine Einschätzung soll realis-tisch sein und sich nicht an Ausnahmen, sondern am Durchschnitt orientieren. Falls Du gelacht hast, gehe noch mal zurück zum Mantra und lies es so oft laut vor Dich hin, bis Du in das Leben des Einkäufers/der Einkäuferin geschlüpft bist.

Danach schätzt Du die BATNAs des Einkäufers/der Einkäuferin ein. Hier ist die Tabelle mit beispielhaften Gedanken, die Du gerne weiter ausbauen darfst:

BATNAs der Einkäuferin/ des Einkäufers	Du bist gedanklich der Einkäufer/die Einkäuferin des Kunden. Diese Gedanken kreisen in Deinem Kopf:
Bezug der Güter bei einem neuen Lieferanten	Wenn nach einem durch mich ausgelösten Wechsel etwas schiefläuft, wem wird die Schuld zugeschoben? Doch ich im Einkauf! Will ich diese Last auf mich nehmen? Wozu? Ist garantiert, dass ich dort genau das Produkt erhalte, was der Fachbereich, Anwender oder die Geschäftsführung sich wünscht? Folgen später versteckte Kosten, die ich noch nicht kalkulieren kann?

BATNAs der Einkäuferin/ des Einkäufers	Du bist gedanklich der Einkäufer/die Einkäuferin des Kunden. Diese Gedanken kreisen in Deinem Kopf:
Bezug beim bisherigen Lieferanten	Ich kann direkt die existierenden Stammdatensätze weiter benutzen. Die Felder für die Bestellung warten schon fix und fertig ausgefüllt im Warenwirtschaftssystem. Da es bisher mit dem Lieferanten reibungslos funktioniert hat, wird es auch wieder funktionieren.
Produkt dort kaufen, wo es der Fachbereich/ Anwender/ Geschäftsführung vorgeschlagen hat	Wenn es teurer ist, liegt es nicht in meiner Verantwortung und belastet nicht mein Portemonnaie. Wenn etwas schiefgeht, traf die Lieferantenwahl eine andere Person, dort liegt also auch die Verantwortung für Fehler. Auf mich und meine Erfahrung hat man nicht gehört, weil sie mir den Lieferanten vorgegeben haben. Ich wasche meine Hände in Unschuld.
Mit der bisherigen Maschine weiterarbeiten?	Ja klar, warum nicht. Wer weiß, wie viel administrative Schritte beim Abbau/der Verschrottung der alten Maschine zusätzlich auf mich zukommen?
Neue Smartphones für den Einkauf?	Das hat Priorität 1! Alles andere liegen lassen! Was ist in meinen Augen das ideale Smartphone? Wie schaffe ich es, den Preis so weit zu drücken, dass ich mein Wunschgerät bekomme, ohne dass es das Budget oder meine Befugnisse überschreitet?

Tabelle 5: BATNAs des Einkaufes

Nach Abwägung aus dem Blickwinkel der Person im Eikauf wählst Du aus:

- Wird der Einkauf vom Wunsch des internen Anforderers abweichen und bei einem anderen Lieferanten kaufen, nur weil dort ein leicht niedrigerer Preis angeboten wird?

Zur Wahl steht: sicher, vermutlich, eher nicht, auf keinen Fall. Kreuze Deine Vermutung in der Tabelle an:

Reaktion vom				
Einkäufer/in	Wird sicher bei mir kaufen	Vermutlich mich be- vorzugen	Eher den Wett- bewerber bevorzugen	Sicher beim Wett- bewerber kaufen
Punkte	+4	+2	-2	-4

Tabelle 6: Reaktion des Einkaufes

Die Auswertung der fremden BATNAs

Nachdem Du Dich intensiv mit der Gedankenwelt der „Gegenseite“ beschäftigt hast, ist Dein Blick geschärft. Jetzt ist es nur noch ein kleiner Schritt, um die Machtverhältnisse der anstehenden Preisverhandlung korrekt einzuschätzen.

+6 bis +12

Die Summe der BATNA-Werte „Geschäftsführer-Kunde“ und „Einkäufer/in-Kunde“ ergibt einen Wert von +6 oder höher? Glückwunsch. Vermutlich wirst Du den Auftrag mit jedem Preis gewinnen. Halt! Nicht mit jedem Preis! Der Preis muss im Bereich der ZOPA liegen.

ZOPA ist ein Akronym aus der Verhandlungswelt. Die „Zone-of-possible-agreements“ beschreibt den Bereich möglicher Abschlüsse. Also den Bereich, in dem sich Dein Angebot mit der Zahlungsbereitschaft Deines Kunden deckt.

Der Kunde ist bereit, bis zu einem Schwellenpreis von 200 € bei Dir zu kaufen. Oberhalb des Schwellenwertes weicht er auf seine BATNAs aus. Du bist bereit, bis auf Deine Herstellungskosten von 60 € runterzugehen? Dann liegt die ZOPA zwischen 60 € und 200 €.

Für Dich ist es nun die Aufgabe, den Verhandlungsspielraum nach oben (die 200 €) herauszufinden und auszureizen. Dein Kunde will mit Dir und Du mit ihm abschließen – dafür spricht die hohe Punktzahl der BATNA-Auswertung. Doch zu welchem Preis in der „Zone-of-possible-agreements“? Das werden wir in den Detektiv-phasen herausfinden.

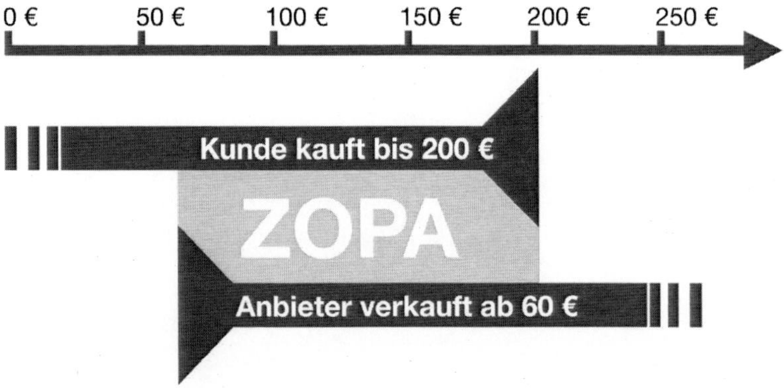

Abbildung 3: Zone of possible Agreements

Preise, zu denen sowohl Kunde als auch Lieferant bereit sind, einen Vertrag abzuschließen.

In der Darstellung siehst Du zwei Balken, deren Werte sich im Zentrum überdecken. Diese Schnittmenge ist die ZOPA. Zwischen 60 € und 200 € kommt es zu einem Vertragsabschluss mit dem Kunden.

Jeder erzielte Preis unter 200 €
ist nutzlos verschenkte Marge!

Der Kunde hätte ja zu 200 € gekauft! Warum also zu 199 € oder jedem darunterliegenden Wert verkaufen? Die ZOPA zeigt die Bereitschaft! Du musst keine schlechte Laune befürchten.

Die professionelle Verhandlungsführung in Preisgesprächen zielt wechselseitig darauf ab, den optimalen Preis zu erzielen: für Dich als Verkäuferin oder Verkäufer den höchsten und aus Sicht der Einkäuferin oder des Einkäufers den niedrigsten Preis.

-10 bis -12

Glückwunsch. Du hast jetzt die Chance, viel Zeit zu sparen. Es ist zwar nicht Dein Wunschergebnis, es ist aber besser, eine aussichtslose Situation frühzeitig zu erkennen und entsprechende Konsequenzen zu ziehen. In der Phase „Zeiträuber eliminieren" wirst Du aus Deiner jetzigen Vermutung eine Gewissheit gewinnen. Wie das geht, zeige ich Dir im zugehörigen Kapitel.

-9 bis +5

Nutze Deine Zeit für die Anfragen und Angebote mit der zuver-sichtlichsten Abschluss-Chance. Sollte also Dein Tag nicht lang genug sein, um allen (auch noch so geringen Chancen) hinterherzulaufen, so triffst Du nun anhand der Altmannsberger-4plus-BATNA-Methode eine Entscheidung, mit welchen Kunden Du Dich vorrangig beschäftigen solltest.

Im weiteren Verlauf der Kapitel lernst Du dann, zuerst die besten Chancen mit voller Marge abzuschließen und Deine restlichen Kapazitäten mit den nicht ganz so attraktiven Aufträgen zu füllen.

Fazit:

- Überlege vorher, welche Alternativen Du hast, falls die bevorstehende Verhandlung scheitert – denn BATNAs steigern Deine Macht als Verhandlerin und Verhandler.

- Im Moment der Preisverhandlung mit dem Einkauf steht meistens schon fest, welcher Lieferant den Auftrag erhält. Behalte einen kühlen Kopf, statt mit Nachlässen den Einkauf zu verunsichern!

- Wie attraktiv sind Alternativen, die Deinem Kunden und Dir zur Verfügung stehen? Das beleuchtest Du mit der Altmannsberger-Methode der 4plus-BATNAs.

- Versetze Dich aktiv in die Welt der „Gegenseite", um die Machtverhältnisse realitätsnah zu prognostizieren. Dabei zählt die Welt des „Kunden" und vor allem auch die Welt des „Einkäufers".

- Der Ablaufplan in diesem Praxisratgeber führt Dich zum optimalen Preispunkt innerhalb der ZOPA (zone of possible agreements).

- Ergebnis: Du erntest vorrangig Aufträge zum vollen Angebotspreis und füllst bei Bedarf Deine Bücher mit Aufträgen zu geringeren Preisen auf.

Weichensteller oder Bittsteller

Was Du in diesem Kapitel lernst:

- Dass die Blackbox eine unangenehme Situation für Verkäuferinnen und Verkäufer ist.
- Welche Situation während der Preisverhandlung Urs Altmannsberger mit dem Begriff Blackbox beschreibt.
- Wer die Regeln für Preisverhandlungen festlegt, und warum Du das nicht ungeprüft akzeptieren darfst.
- Wie Du die sogenannte Blackbox künftig vermeidest und damit Preisverhandlungen zu einem für Dich planbaren Spiel umdrehst.
- Du lernst fünf Regeln, mithilfe derer Du aus der Bittstellerrolle in die Führungsrolle wechselst.

Die Blackbox

Im vorherigen Kapitel hast Du gesehen, wie viel stärker Deine Position ist, als Du sie bisher wahrgenommen hast. Die Erkenntnis alleine ist schon wichtig, allerdings wirst Du viel erfolgreicher sein, wenn Du diese Erkenntnis auch einsetzt, Deine Herangehensweise an Verhandlungen zu optimieren.

Wie ist es denn bisher? Die Blackbox.

Viele Verkäufer berichten mir von der Blackbox. Vielmehr berichten sie mir etwas, das ich „Blackbox“ getauft habe. Durch die Namenstaufe sparen wir uns im Training viel Zeit, das immer gleiche Phänomen zu erklären. Genauso will ich es Dir auch als Leser des Buches erklären.

Blackbox

Ich zeige Dir einen ganz typischen Ablauf, wie er so und ähnlich unzählige Male von Anbietern durchlebt wird:

Der Verkäufer Victor van Velte der Bekleidung GmbH erstellt ein Angebot über Berufskleidung für das Pharmaunternehmen Pillen AG. Die dort angestellte Einkäuferin Elvira Elm ruft beim Verkäufer van Velte an. Es folgt eine faire, jedoch taffe Preisverhandlung. Van Velte geht im Preis in zwei Schritten runter. Am Ende der Preisverhandlung liegen 6,8 % Nachlass auf dem Tisch.

Das Gespräch endet mit einem verbindlichen Angebot des Verkäufers van Velte, jedoch mit einer unverbindlichen Aussage der Einkäuferin Elm. Originalton Elvira Elm: „Bis nächste Woche werden wir die Wettbewerbsangebote vorliegen haben. Danach entscheiden wir, mit welchem Bekleidungsanbieter wir kooperieren werden. Bis dahin! Machen Sie's gut!" Klick.

Verkäufer van Velte ist bis zur Zu-/Absage nicht in der Lage, eine zuverlässige Prognose zu treffen, ob er den Auftrag erhält. Er befindet sich in der „Blackbox", er hat keine Orientierung.

Abbildung 4: Die Blackbox im Ablauf

Kennst Du diese Blackbox aus Deiner Erfahrung? Ich tippe mal auf „JA".

Ziel sollte es für Dich künftig sein, mit den Tipps aus diesem Buch die Anzahl der Blackbox-Situationen so weit wie möglich zu reduzieren. Versuche die Entscheidung auf Deine Seite zu ziehen!

Wie wäre es für Dich, wenn Du die Informationen zur aktuellen ZOPA (also dem Preisbereich, in dem Du abschließen kannst) mit Deinem Kunden transparent vor Augen hättest, sie oder er jedoch nicht? Wie wäre es, wenn die Blackbox auf die Seite des Einkaufs wanderte? Der Einkäufer also orientierungslos wäre, Du dagegen das Steuer in der Hand hättest?

Wir sprechen von einem Informationsgefälle, das Du zu Deinen Gunsten verändern sollst! Tipp am Rande: Wenn Du in Diskussionen fachlich versiert wirken willst, sprichst Du dann von Informationsasymmetrie.

Wissen ist Macht! Und wenn dieses Wissen asymmetrisch auf Seiten des Einkaufs stärker ist, hat der die Macht. Bewegst Du nun das Wissen auf Deine Seite, so wirst Du mächtiger und kannst damit die Preisverhandlung entscheidend beeinflussen.

Viele Vertriebsratgeber sprechen diesen Weg ebenfalls an, es ist also keine neue Erkenntnis. Meistens fehlt jedoch der entscheidende Tipp, wie Du den Informationsfluss im Gespräch mit einer hartnäckigen Einkäuferin oder einem Einkäufer steuerst. Daher zeige ich Dir darüber hinaus, wie Du die Informationsasymmetrie in Einklang mit der Welt der Einkäufer bringst. Denn die geben das Zepter verständlicherweise nicht freiwillig aus der Hand.

Beziehen wir das konkret auf unser Beispiel: Die Einkäuferin wird vermutlich eine Preisschwelle haben, bis zu der sie bestellt. Wenn van Velte diese Schwelle nun herausfindet, Elvira Elm hingegen kein verbindliches Angebot von ihm vorgelegt bekommt, wie wäre das?

Wir steigen kurz in die Wunderwelt ein, und wie schon mehrfach betont: Ich zeige Dir auch, wie Du Zutritt in diese Wunderwelt bekommst und Dich in vielen Fällen praktisch in ihr bewegen kannst!

Unser virtueller Verkäufer Victor van Velte stellt die Welt auf den Kopf und weicht der Blackbox aus:

Elvira Elm bittet den Verkäufer van Velte der Bekleidung AG um ein Angebot über Berufskleidung.

Van Velte stellt eine Menge Fragen: „Um Ihnen, Frau Elm, direkt ein passendes Angebot zu erstellen, sagen Sie mir doch bitte: Wie viele Personen sollen eingekleidet werden?“ Und weiter fragt er: „Welche Konfektionsgrößen benötigen diese Personen?“

Nach weiteren Fragen erkennt van Velte aus den Antworten von Frau Elm, dass sie garantiert noch keine Gespräche mit Wettbewerbern hatte. Sonst hätte sie viele der Zahlen schon vorbereitet vor sich. Hat sie aber nicht! Sie musste erst recherchieren.

Als van Velte sein Angebot passgenau, aber mit gerechtfertigtem Gewinnaufschlag präsentiert, flunkert Elvira Elm, dass die Wettbewerber alle günstiger sind. Ja klar, ist ja ihr Job!

Leider hatte der Verkäufer dieses Buch noch nicht gelesen und kann daher den alles klärenden Mauertest nicht nutzen (wir sprechen darüber im gleichnamigen Kapitel).

Immerhin ergreift er das Zepter des Handelns! Anstatt wie im vorherigen Gesprächsverlauf schrittchenweise den Preis zu senken und darauf zu hoffen, ein „JA" als Reaktion zu ernten, fragt er nach dem Wunschpreis, was sich zuerst nach Wunscherfüllung anhört, tatsächlich aber ein taktischer Zug ist.

Antwort der Einkäuferin: „Na ja, so 3 – 6 % sollten schon noch kommen!"

Und Victor van Velte reagiert darauf: „Das heißt, falls ich die 3– 6 % böte, hätte ich dann Ihre Zusage?" Du merkst natürlich, dass unser Verkäufer noch keinen Rabatt geboten hat, sondern nur mal fiktiv fragt: „Was wäre, wenn?"

Die Einkäuferin bestätigt ihm das.

Van Velte seinerseits beendet nun das Gespräch mit den Worten: „Bis nächste Woche werde ich das nochmal kalkuliert haben. Danach entscheide ich, ob ich einen weiteren Schritt heruntergehen kann oder nicht. Bis dahin, machen Sie's gut!"

Ich höre regelrecht, wie bei Dir als Leser die Alarmglocken schrillen: „Das kannst Du doch nicht bringen! Damit verärgerst Du die Einkäuferin!"

Aus dem Blickwinkel des Einkaufs kann ich Dich beruhigen. Es geht! Du bist als kompetenter Verkäufer auf einer Augenhöhe mit den Verhandlern auf der Einkaufsseite! Drehe also gerne den Spieß herum! Werde zum Weichensteller, statt Bittsteller zu bleiben.

Blackbox vermeiden – wer diktiert die Regeln?

An beiden Beispielen siehst Du, wie unterschiedlich die Verhandlungsverläufe sein können, solange Du die Spielregeln vorgibst, statt die Regeln anderer zu akzeptieren.

Nicht jede Einkäuferin und jeder Einkäufer wird akzeptieren, dass Du beginnst, eigene Regeln zu platzieren. Aber brauchst Du alle Kunden? Oder anders gefragt: Auf welche Kunden würdest Du zuerst verzichten: auf die, die viel Gewinn generieren, oder auf die, die Dich in einen Parcours der Qualen und Preissenkungen schicken?

Probiere es aus! Versuche Deine Regeln zu nutzen, statt die der anderen widerstandslos zu akzeptieren. Du wirst begeistert sein! Wenn Du es hingegen nicht probierst, hast Du schon verloren!

Habe keine Angst vor dem Scheitern!

Im Ablaufplan ist berücksichtigt, zur Not das Ruder noch herumzureißen. Mit meiner Anleitung liegt die Entscheidung in Deiner Hand, wieder auf den altbekannten und vertrauten Weg zurückzukehren. Du kannst also immer noch korrigieren, wenn Dein neu eingeschlagener Kurs ins Abseits führt oder Dir die Situation zu brenzlig wird.

Verschiedene Branchen und Unternehmen sind bereits erfahren darin, die Informationsasymmetrie zu ihrem Vorteil zu nutzen. Leicht fällt es Unternehmen, die aufgrund der Marktsituation mehr Macht haben. In den Fällen wird die Vorgabe von Regeln von den Kunden anstandslos akzeptiert:

Makler in München: Vom Hörensagen wird mir berichtet, dass die Makler von solventen Interessenten Sofort-Kauf-Angebote erhalten, die über dem Wert der Zeitungsannonce liegen.

Es gibt einen Obstbauern, der spezielle Kirschen für Schwarzwälder Kirschtorten anbaut. Je nach Marktlage verteilt er seine Ernte auf mehrere Nachfrager und diktiert damit die Regeln.

Als 2019 die Baubranche boomte, konnten sich viele Handwerker ihre Kunden aussuchen. Je nachdem, was der Kunde bereit war zu zahlen, wurde er früher, später oder gar nicht bedient.

Es gibt darüber hinaus Situationen, in denen die Machtverteilung wechselhaft ist:

Bei privaten Verkäufen gebrauchter Produkte sehe ich sehr oft das Kürzel „VB", das für „Verhandlungsbasis" steht. Damit ruft der Verkäufer den potenziellen Käufer dazu auf, seinerseits einen Preis zu nennen. Die Entscheidung, darauf einzugehen, liegt beim Verkäufer.

Börsen und insbesondere Versteigerungsplattformen arbeiten nach dem Prinzip: Welchen Preis bietet der Käufer? Bin ich bereit, zu diesem Preis zu verkaufen? Und das unabhängig (!) von der Macht des Verkäufers und ob es sich um einen uniquen Artikel handelt oder Massenware. Selbst für Commodity-Artikel kein Thema.

Oder ziehen wir noch ein ganz persönliches Beispiel aus meiner Historie heran: Wenn Headhunter während meiner Zeit als fest angestellter Einkaufsleiter anriefen, war meine erste Frage: Was bietet der potenzielle Arbeitgeber an Gehalt und Zusatzleistungen? Dagegen vermute ich, dass in anderen Gesprächen der Headhunter nach den Gehaltsvorstellungen des potenziellen Mitarbeiters fragt.

Im Automotive-Sektor gibt es eine ganze Menge an Zulieferern, die erst den Preis oder das vorgesehene Budget wissen wollen und danach verkünden, was der Automobilhersteller im Gegenzug an Mengenzusagen oder Qualität bekommt.

Damit wird schnell deutlich: Weichensteller oder Bittsteller ist keine Frage nach Verkauf oder Einkauf. Der Einkauf ist nicht automatisch der Regel-Chef! Vielmehr zählt, wer die bessere Marktposition hat oder wer pfiffiger ist und sich auf die Preisverhandlung besser vorbereitet hat.

Entweder hat derjenige

- aufgrund der zur Verfügung stehenden Alternativen (wir erinnern uns an die BATNAs)
- oder aufgrund seines persönlichen Auftritts
- die bessere Verhandlungsposition und nutzt sie für einen erfolgreichen Abschluss.

> Als Verkäuferin oder Verkäufer kannst Du Regeln genauso vorschreiben wie der Einkauf!
>
> Du selbst und die 4 BATNAs entscheiden darüber, ob Du oder ob Dein Kunde sich durchsetzen kann.

Die Blackbox und der Nachlass-Drang

Die Blackbox verunsichert diejenige oder denjenigen, die darin gefangen ist:

„Kann ich mit einer Auftragsvergabe rechnen? Wie attraktiv hat sich mein Wettbewerber positioniert? Sollte ich lieber nochmal im Preis nachgeben oder andere Zugeständnisse machen? Was ist die Konsequenz, falls ich den Auftrag nicht erhalte? Werden weitere Kunden abspringen, weil ich durchweg zu teuer anbiete?“

Und schon dreht sich das leidvolle Sorgen-Karussell des Verkaufs im Kopf. Schnell wird die Sorge um den aktuellen Auftrag auf alle anderen Aufträge der Zukunft projiziert. Dann gewinnen die Verunsicherung und das Gefühl „Alles geht den Bach herunter!“ Oberhand. In dieser Aufregung einen klaren Gedanken zu fassen und die richtige Entscheidung zu fällen, ist schwer.

Selbst ich als langjähriger Einkaufsleiter kann Dir gut nachfühlen, wenn Dich das zuerst beunruhigt und nachfolgend dazu bewegt, doch wieder ein Entgegenkommen zu signalisieren.

Doch Entgegenkommen ist keine Lösung! Ich als Einkäufer darf nicht lockerlassen, solange Du noch mit Nachlässen jonglierst! Dieser Weg ist also kein gangbarer Weg, wenn Du langfristig profitabel verkaufen möchtest. Zur Erinnerung: Nachlässe ändern nur in 2 von 10 Fällen die Situation.

Nachlass ist keine Pauschallösung!

In 8 von 10 Fällen verschenkst Du lediglich Deine Marge.

Sage der Blackbox ade!

Setze Dich durch! Immer dann, wenn Du diese fünf Du-Regeln in der Preis-Verhandlung durchsetzen kannst, wirst Du gewinnen.

Die fünf DU-Regeln:

- DU bestimmst, wann verhandelt wird.
- DU kalkulierst auf den Zahlen des Einkäufers.
- DU entscheidest, ob Du für den Preis verkaufst.
- DU überraschst mit Vertragsverlängerung und Preisanpassungen.
- Die „Passt-fast!"-Regel: DU entscheidest, wie reif der Auftrag ist.

Regel 1: Preisverhandlungen führen, wenn es dem Verkauf in die Karten spielt.

An sich wäre es ideal, wenn Du gar keine Preisverhandlungen führen müsstest. Der Bedarfsträger ruft Dich an, fragt: „Was kostet das Gut?“, und bestellt direkt. Wenn der Einkauf nun aber in jedem Fall eine Preisverhandlung führen möchte, dann doch bitte zu dem Zeitpunkt, der Dir besonders zusagt.

Das beeinflusst die Qualität der Preisverhandlung, je nachdem welcher Zeitpunkt gewählt wird:

- Ist der Einkauf auf die Verhandlung vorbereitet?
- Hat der Einkauf zu diesem Zeitpunkt eine BATNA?
- Wie gut bist Du vorbereitet?
- Hast Du zu diesem Zeitpunkt eine BATNA?
- Wie viel Zeit steht für die Verhandlung zur Verfügung?
- Wo wird verhandelt, oder über welches Medium wird kommuniziert?
- Drängt die Zeit zum Handeln? Und wenn ja, wer hat den Druck?

Ich verdeutliche Dir den Einfluss mit einem Praxisbeispiel. Gleichzeitig analysiere ich die Situation exemplarisch.

Beispiel „nachteilige Situation“:

Verkäuferin Steffi Glas hatte vor zwei Wochen eine Röntgenanlage zum Test bei einem Hersteller von Dosen-Ravioli aufbauen lassen. Diese Anlage prüft dessen verpackte Lebensmittel darauf, dass nur in der Packung ist, was auch dort hingehört. Fremdkörper werden erkannt und das betroffene Produkt aussortiert. Die Kosten für den Testaufbau in Höhe von 7000 Euro trägt Verkäuferin Steffi beziehungsweise ihre Firma.

Einige Tage später lädt Einkäufer Hans Kling Frau Glas zur finalen Preisverhandlung ein. Termin ist am Montag um 7:00 Uhr im Zentraleinkauf des Lebensmittelherstellers. Der Empfang ist genau ab 7:00 Uhr besetzt. Der Verhandlungsraum ist im Untergeschoss, hat keine Fenster und heißt „Alcatraz 2“. Es werden drei Einkäufer teilnehmen und eben Steffi Glas. Es ist angekündigt, dass alle in Frage kommenden Anbieter nacheinander in die letzte Runde eingeladen wurden. Jede Partei hat 13 Minuten Zeit, das bestmögliche Angebot abzugeben. Ein Nachbieten ist danach nicht mehr möglich.

Willst Du mit Steffi den Platz tauschen? Sicher nicht. Der Einkauf scheint sehr gut vorbereitet zu sein. Alle klischeehaften Hebel sind in Bewegung gesetzt. Bestimmt ist sogar der Stuhl für die Verkäuferin präpariert, wackelt, ist zu niedrig und hat keine Lehne. Ich habe bewusst übertrieben, damit die Tragweite kristallklar wird.

Kurzanalyse:

Analyse der Situation	
Wie gut ist der Einkauf vorbereitet?	Sehr gut!
Hat der Einkauf zu diesem Zeitpunkt eine BATNA?	Angenommen, der Kunde hat mit mehreren Anbietern die gleichen Testkonditionen vereinbart, dann verlieren alle bis auf einen die Investition von 7000 Euro.
Wie gut ist die Verkäuferin vorbereitet?	Undurchsichtiger Einkaufsnebel umgibt Steffi Glas. Sie befindet sich schon jetzt in einer Blackbox.
Hat die Verkäuferin zu diesem Zeitpunkt eine BATNA?	Spiegelbildlich zur guten BATNA des Einkaufs steht die Verkäuferin schlecht da. Entweder sie gewinnt den Auftrag, oder sie geht ohne Auftrag nach Hause und bleibt auf den Kosten sitzen.
Wie viel Zeit steht für die Verhandlung zur Verfügung?	Die Zeit ist durch den Einkauf künstlich limitiert. Die Möglichkeiten für eine Rücksprache mit der Vertriebsleitung von Frau Glas ist sehr stark eingeschränkt.
Wo wird verhandelt, oder über welches Medium wird kommuniziert?	3:1-Verhältnis der Personenzahl, verhandeln in einem ungastlichen Raum, der schon vom Namen her nichts Gutes ahnen lässt. Frühmorgens terminiert, sodass die Anreise für Steffi Glas unkomfortabel ist. Keine gute Voraussetzung für eine partnerschaftliche Preisfindung.

Wichtige Abbildungen, Tabellen und Zusatz-Informationen findest Du zum kostenlosen Download auf https://profitablerverkauf.de/downloads

Analyse der Situation	
Drängt die Zeit zum Handeln? Und wenn ja, wer hat den Druck?	Ob der Fachbereich den Einkauf zeitlich drängt, ist nicht bekannt. Die Verkäuferin hat nur noch ein kurzes Zeitfenster zur Verfügung, das Angebot zu verändern. Vermutlich wird sie auch keine finale Aussage „ok"/ „nicht ok" in der anstehenden Verhandlung erhalten (Blackbox).

Tabelle 7: Analyse nachteilige Situation

Drehen wir den Spieß herum. In diesem Beispiel hat sich Steffi Glas mit den eigenen Spielregeln durchgesetzt.

Beispiel optimierte Situation:

Steffi Glas hat gemeinsam mit dem Fachbereich den zweiwöchigen Test der Röntgenmaschine persönlich begleitet. Alle mit Fremdinhalten präparierten Dosen wurden erkannt und ausgesondert. Der Produktionsleiter ist begeistert! Die Kosten des Testaufbaus von 7000 Euro werden dem Kunden bei Beauftragung wieder gutgeschrieben. Sollte er sich gegen die Maschine entscheiden, trägt der Lebensmittelhersteller die Kosten. Das hat auch dazu geführt, dass nur die eine Maschine getestet wird, die der Produktionsleiter schon auf der Messe in die engere Wahl gezogen hatte.

Der Produktionsleiter kündigt an, dass er „natürlich" über den Einkauf beauftragen muss. Eigentlich müsste die Maschine heute abgebaut werden. Steffi Glas schlägt daher vor, den

Einkäufer Hans Kling jetzt direkt dazuzuholen. Die Idee findet der Produktionsleiter super, weil er möchte, dass die Maschine so installiert bleibt, wie sie es jetzt gerade ist.

Einkäufer Hans Kling befindet sich gerade in Urlaub. Sein Vertreter Hubert Stall kommt daher in die Produktion gelaufen, um die Preisverhandlung zu führen. Seine ersten Worte: „Worum geht's hier genau?", werden vom Produktionsleiter beantwortet: „Wir brauchen eine Bestellung für diese Maschine. Heute noch!"

Willst Du jetzt mit Steffi tauschen? Ja gerne!

Im zweiten Beispiel läuft es grandios für die Verkäuferin. Schau Dir meine Analyse an:

Analyse der Situation	
Wie gut ist der Einkauf vorbereitet?	Gar nicht.
Hat der Einkauf zu diesem Zeitpunkt eine BATNA?	Der Einkauf steckt fest, bevor es richtig losgeht. Weder hat er einen echten Wettbewerber am Start, noch kann der Einkauf so tun als ob. Der Fachbereich hat schon sehr viele Signale gesendet, dass der Kauf nur noch eine Formsache ist. Außerdem baut der Produktionsleiter Druck auf. Er will die Maschine – jetzt!

Analyse der Situation	
Wie gut ist die Verkäuferin vorbereitet?	Spitze! Die Preisverhandlung kann kommen. Steffi Glas könnte jetzt bereits OHNE Detektivphasen eine Taktik wählen. Mein Vorschlag: „Nett, aber stur!“
Hat die Verkäuferin zu diesem Zeitpunkt eine BATNA?	Sie kann die Maschine abbauen lassen, was der Produktionsleiter zu ihren Gunsten sicher verhindern will. Die Kosten sind durch die 7000 Euro gedeckt. Im schlimmsten Fall also eine Null-Situation, aber kein Verlust.
Wie viel Zeit steht für die Verhandlung zur Verfügung?	Keine. Der Fachbereich wird sich durchsetzen. Ein Zeitspiel kommt für den Einkauf nicht in Frage. Zwischen Tür und Angel zu verhandeln, ist unkomfortabel – diesmal für den Einkauf.
Wo wird verhandelt, oder über welches Medium wird kommuniziert?	Die Verhandlung findet im Hoheitsgebiet des Fachbereichs statt. Dieser steht auf der Seite der Anbieterin. Der Einkauf kann das Setting nicht beeinflussen.
Drängt die Zeit zum Handeln? Und wenn ja, wer hat den Druck?	Wenn der Einkauf nicht schnell die Rückendeckung von abteilungsübergreifenden Vorgesetzten erhält, ist er auf verlorenem Posten. Entweder stoppt die Geschäftsführung des Lebensmittelherstellers den Kaufprozess, oder das Thema ist durch!

Tabelle 8: Analyse optimierte Situation

Die Beispiele illustrieren, wie unterschiedlich Preisverhandlungen ablaufen können, je nachdem, welche Seite im Vorfeld besser agiert hat und wessen Regeln für den Ablauf gelten.

Aus den Veranstaltungen mit Einkäufern der ganzen Welt (mindestens aus Deutschland, Österreich, UK, Schweiz, USA, China, Singapur und Malaysia) kann ich Dir berichten:

„Einkäufer schildern vor allem die Situation aus Beispiel 2!“

Ja, richtig gelesen: Aus dem Blickwinkel der Einkäuferinnen und Einkäufer ist es so, dass der Anbieter enge Beziehungen zu Anwendern, Fachbereichen und Geschäftsführung hält, die den Einkauf bei Preisverhandlungen vor erhebliche Schwierigkeiten stellen. Oft kennen sie sich schon seit Jahren oder von Fachmessen oder entwickeln sogar Produkte gemeinsam (die Automobilindustrie ist da ein prominentes Beispiel). Das verbindet den Fachbereich des Kunden und den Verkauf des Lieferanten. Der Einkauf ist quasi außen vor, das fünfte Rad am Wagen.

In den letzten Jahrzehnten steigt das Bewusstsein, dass sich daran etwas ändern muss. Die Bemühungen, den Einkauf mit mehr Befugnissen und stärkerem Einfluss auszustatten, fruchten jedoch nur langsam. Für Dich wird es also immer schwerer werden, den Einkauf aus dem Entscheidungsvorgang herauszuhalten. Du bist also gezwungen, Dich damit zu beschäftigen,

- einerseits alles daranzusetzen, Deine Regeln durchzusetzen (jetziges Kapitel),
- andererseits Preisverhandlungen auch dann optimal abzuschließen, wenn der Einkauf das Zepter in der Hand hält (die Kapitel Detektivphase und Mauertest).

Regel 2: Du kalkulierst im Stillen und entscheidest.

Ich stelle Dir zwei kurzgefasste Gesprächsabläufe gegenüber, die den Unterschied verdeutlichen.

Lies zuerst die linke Spalte von oben nach unten. Das ist Ablauf A. Danach den Ablauf B in der rechten Spalte.

Ablauf A **Einkäufer Erwin und Verkäufer Volker**	**Ablauf B** **Verkäuferin Vicky und Einkäuferin Elvira**
Einkauf: „Wie weit können Sie mit dem Preis heruntergehen?“	Verkauf: „Um welche Menge dreht es sich denn?“
Verkauf: „Maximal noch 5 %!“	Einkauf: „130 Stück.“
Einkauf: „Unter welchen Umständen geht noch mehr?“	Verkauf: „Das ist nicht sehr viel. Benötigen Sie in der Zukunft noch mehr?“
Verkauf: „Dann bräuchte ich den Auftrag noch heute!“	Einkauf: „Vielleicht noch einmal 70 Stück.“
Einkauf: „Was ginge in dem Fall?“	Verkauf: „Welche anderen Produkte aus unserem Sortiment werden benötigt?“
Verkauf: „Dann kann ich weitere 3 % anbieten. Also 8 % in der Summe.“	Einkauf: „Nein, keine weiteren Produkte.“

Ablauf A Einkäufer Erwin und Verkäufer Volker	Ablauf B Verkäuferin Vicky und Einkäuferin Elvira
Einkauf: „Das reicht noch nicht! Was können Sie mir noch anbieten?“	Verkauf: „Also, wenn Sie die 130 Stück plus die 70 Stück heute beauftragen, kommen Sie gerade so in die 200er Staffel. Dafür wäre der Preis 68 Euro pro Stück.“
Verkauf: „Ich gebe Ihnen noch 2 % Skonto, aber dann muss Schluss sein!“	Einkauf: „O.K.“

Tabelle 9: Gesprächsablauf

Im Ablauf A ist der Einkäufer Erwin in der Rolle des kalkulatorischen Detektivs. Er erfährt, wie Volker im Verkauf kalkuliert. Daraus kann er viel für seine Nachlassforderung ableiten.

Etwa von der Schrittgröße (erst 5 %, dann 3 % und nochmal 2 %) zieht der Einkäufer Rückschlüsse, dass nochmal 1 % möglich sein müsste. Er wird also weiterbohren.

Außerdem sind Zusammenhänge ableitbar: Der Verkäufer bietet Skonto an? Dann hat sein Unternehmen vermutlich Interesse an einem verbesserten Cashflow. Auch da wird er dann weiterbohren.

Ganz anders sieht es im Ablauf B aus. Jetzt ist die Verkäuferin diejenige, die Wissen sammelt und Rückschlüsse ziehen kann. Sie geht auf die individuellen Bedürfnisse ein.

Wenn die Einkäuferin unsicher die Menge erhöht, dann hat das bisher kein Wettbewerber gefragt. Das könnte darauf hindeuten, dass kein Wettbewerber vorhanden ist (oder sie ihren Job nicht richtig macht und froh ist, dass ihr jemand solche Vorgaben macht, die sie später als ihren Erfolg verkaufen kann). Dann nutzt Vicky auch das Preisgespräch dazu, mehr zu verkaufen. Die Einkäuferin glaubt, dass weitere Produkte aus dem Sortiment den Preis beeinflussen. Wäre ja auch möglich. Tatsächlich wird sie aber durch die virtuellen Regale geführt, statt Preise zu senken. Shoppen, statt Nachlass toppen! So geht's!

Und schließlich kalkuliert die Verkäuferin dann im Stillen einen angemessenen Preis. Die Einkäuferin hat keinen Plan davon, welche ihrer Antworten zu einer Preisanhebung oder -senkung geführt haben. Sie ist in der Blackbox.

Lege Deine Kalkulation nicht offen.
Nutze die Preisverhandlung für Deine Ziele!
Verkaufe mehr Produkte und höhere Mengen!

Regel 3: Der Wurm gehört an den Haken, nicht in den Teich!

„Jemanden an der Angel haben“, oder: „Der Köder muss dem Fisch schmecken, nicht dem Angler!“, es gibt so schöne Metaphern für Verkäufer. Ich ergänze in diesem Zusammenhang: „Der Wurm gehört an den Angelhaken, nicht in den Teich!“ Teil der ungeschriebenen Vereinbarung zwischen Angler und Fischen ist: „Der Fisch bekommt den Wurm, wenn er dafür in den Haken beißt.“ Den zweiten Teil der Vereinbarung: „Der Fisch wird gegrillt“, lässt der Angler aus taktischen Gründen unerwähnt.

Im Beispiel auf den vorherigen Seiten warf Verkäufer Volker (im übertragenen Sinn) einen Wurm nach dem anderen in den Teich. Den Fisch hat's gefreut, aber weiter passierte nichts. Der Fisch hat sich nämlich nicht an die Vereinbarung gehalten. Obwohl er den Wurm verzehrt hat, hat er nicht in den Angelhaken gebissen. Pfiffiger Fisch!

Übertragen auf die Preisverhandlung: Volker machte ein Zugeständnis nach dem anderen, erhielt aber keine konkrete Zusage, sondern nur eine weitere Forderung. Das ist schlecht verhandelt! Du kannst es künftig besser!

In Preisgesprächen erhalte ich als Einkäufer regelmäßig Zugeständnisse, die an keinerlei Gegenforderung gebunden sind. Als Einkäufer denke ich mir dann: „Wenn ich das Produkt ohne Widerstand günstiger bekommen kann, dann ist noch mehr drin!" Das spornt mich an, weiterzubohren. Für Dich ist das kontraproduktiv!

Besser ist es, wenn Volker die Zugeständnisse mit seinen Zielen koppelt. In dem Fall: „Wenn ich das Zugeständnis biete, sind wir dann im Geschäft?" Das Gespräch würde dann viel erfolgreicher für Volker ablaufen. Er gibt jeden Köder nur dann her, wenn er auch einen Auftrag als Gegenleistung erhält. Bevor er über die Höhe des Nachlasses spricht, will er wissen, ob er denn dann auch den Auftrag erhält.

Ablauf A kombiniert mit Regel 3 **Einkäufer Erwin und Verkäufer Volker**
Einkauf: „Wie weit können Sie mit dem Preis heruntergehen?"
Verkauf: „Würde denn ein Preiszugeständnis zu einer Beauftragung führen?"
Einkauf: „Das kommt auf die Höhe an, und über die Zahlungskonditionen müssen wir auch noch sprechen."
Verkauf: „Wenn wir in beiden Punkten zur Einigung finden, habe ich dann den Auftrag, jetzt und direkt?"
Einkauf: „Ja, dann können Sie den Auftrag direkt mitnehmen!"

Tabelle 10: Keine Zugeständnisse ohne Auftrag

Werden sich beide nun einig, sieht sich der Einkäufer Erwin verpflichtet, auch einen Punkt zu machen und den Auftrag zu erteilen.

Hinzu kommt: Aus der Aussage: „Hier, jetzt und sofort" geht hervor, dass vermutlich kein Wettbewerber im Rennen ist. Sonst hätte der Einkäufer gerne eine weitere Runde gedreht, und das hieße ja, dass er den Auftrag nicht sofort ausstellen kann.

„Aber Urs, ich habe da noch eine Frage:

Aus Deinen Trainings weiß ich, dass es nicht klug ist, wenn ich als Verkäuferin die Preise Schritt für Schritt immer weiter senke. Der Einkäufer wird doch nie Zufriedenheit signalisieren."

Urs Altmannsberger antwortet: „Richtig. Die Preisschraube wird vom Verkauf immer weitergedreht und fordert den Einkäufer damit auf, seinerseits weiter nachzuhaken. Das führt dann zum preislichen ‚Perpetuum mobile'."

Der Ablaufplan in Summe wird dafür sorgen, dass die Zugeständnisse passgenau sind.

Ich möchte Dich als Leserin oder Leser Baustein für Baustein an den vollständigen Ablaufplan heranführen.

Zu diesem Zeitpunkt ist also wichtig zu verinnerlichen:

Zugeständnisse werden nur dann gewährt, wenn als Gegenleistung Dein Ziel erfüllt wird.

Du prüfst also immer wieder aufs Neue: „Würde das Zugeständnis eine Veränderung im Verhalten meines Kunden auslösen?"

Nutze Konditionalsätze mit dem Muster:
„Wenn ich X erfülle, erfolgt dann auch Y?"

X steht für Dein Zugeständnis oder auch eine ganze Reihe von Zugeständnissen. Y steht für Dein Ziel oder eine ganze Reihe von Zielen.

Beispielformulierung:

„Wenn ich Ihnen den Liefertermin fix zusage, bekomme ich dann auch noch heute Ihre schriftliche, verbindliche Bestellung?"

„Ich werde die neue Ausgangsbasis kalkulieren. Falls ich dabei zum Ergebnis komme, dass der geforderte Nachlass möglich ist, habe ich dann Ihre Zusage für die Umsetzung?"

„Wenn ich Ihnen den geforderten Nachlass gewähre, erhalte ich dann auch endgültig den Auftrag plus die Referenz von Ihnen?"

„Angenommen, ich kann für Ihr Programmier-Projekt den Herrn Schnabel als Projektleiter platzieren, kann ich dann mit einer festen Zusage Ihrerseits rechnen?"

Im Booklet „Alternative Formulierungen" findest Du zahlreiche Vorschläge, aus denen Du Dir die für Dich passenden Kernsätze auswählen kannst.

Das Booklet kannst Du ganz einfach beim Autor Urs Altmannsberger bestellen. Scanne dazu den abgebildeten QR-Code mit Deinem Smartphone.

Regel 4: Du bestimmst, wann Verträge verlängert werden.

Für die Haupt-Kosten-Blöcke hat der Einkauf erfahrungsgemäß die Verlängerungsdaten im Blick. Andere Vertragslaufzeiten fliegen oft unter dem Radar. Dann ist der Einkauf überrascht: „Oh, die Vertragsverlängerung steht an!? Puh, ich habe gar keine Zeit, den Markt zu sondieren und Angebote einzuholen!" Dann steht die Chance für den bisherigen Anbieter gut, dass ungeprüft verlängert wird.

Darin sind zwei Chancen für Dich, je nachdem ob Du aktuell schon Anbieter bist oder ob Du gerne in die Partnerschaft mit einem anderen Lieferanten reingrätschen möchtest:

- Du bist der Anbieter, der schon im Boot sitzt.
- Du bist die Alternative zum aktuellen Anbieter.

Valentina Varga ist Key-Account-Managerin bei BII (Business Immobilien International). Sie betreut unter anderem den Mieter Pillendreher AG (kurz „PD") aus Mühlhausen.

Vor 10 Jahren hat PD in Mühlhausen ein 6-stöckiges Bürogebäude mit angeschlossenem Lagerhaus angemietet. Durch den naheliegenden Bahnhof ist das Gebäude für die Mitarbeiter sehr gut mit Bahn und Bus erreichbar.

Valentina Varga befürchtet, dass ihr Mieter aktuell nach günstigeren Bürogebäuden sucht und langfristig aus der bisherigen Immobilie ausziehen wird.

Der Vertrag hat noch eine Restlaufzeit von 5 Jahren.

Welchen Rat würdest Du Valentina Varga geben?

Soll sie auf das Ende der 5 Jahre warten und nur dann eine Senkung anbieten, wenn Pillendreher abspringen will?

Soll sie jetzt schon aktiv werden und eine Senkung anbieten?

… Welche anderen Ideen hast Du noch?

Sende Deine Antwort mit dem Stichwort „Rat für Valentina Varga" per E-Mail an mich (autor@profitablerverkauf.de oder QR-Code scannen). Ich löse die Aufgabe dann mit Dir gemeinsam (gratis!). Du wirst überrascht sein, welche Ansätze sich bieten und wie Du diese direkt auf Dein Business übertragen kannst.

Grundsätzlich gilt: Wähle den für Dich richtigen Zeitpunkt! Als Lieferant hast Du die Vertragslaufzeiten im Blick, sodass Du aktiv werden kannst. Warte nicht darauf, dass der Einkauf den für seine Seite bestmöglichen Moment wählt.

Versetze Dich für einen Moment in die Lage der Mitarbeiterin oder des Mitarbeiters im Einkauf. Nicht für den Fall Valentina

Vargas, sondern konkret für Deine Produkte oder Dienstleistungen. Jetzt schwenkst Du hinüber zur Kundenseite:

Wann ist es für Dich in der Rolle der Einkäuferin oder des Einkäufers ideal, mit dem Lieferanten zu sprechen? Wann würde es die Verkäuferin oder den Verkäufer eiskalt erwischen?

Ich biete Dir noch ein Spaßbeispiel an, um Dir Deinen Gedankenfluss zu erleichtern:

Klib und Kliberta aus Schweden wollen heiraten. Klib ist ein sehr reicher Bauer. Kliberta eine attraktive Pfarrerstochter. Klib hat mit Kliberta einen Vertrag geschlossen, dass im Falle einer Trennung alle Ländereien und Werte bei ihm verbleiben. Kliberta würde leer ausgehen.

Kliberta ist aber pfiffig. Sie will den Vertrag zu einem geeigneten Zeitpunkt verhandeln. Sie überlegt sich, wann ist der Zeitpunkt, zu dem Klib am ehesten zu einer faireren Vertragsvereinbarung „JA" sagt?

Am Altar ist es dann soweit. Die ganze Region ist zusammengekommen. Klibs Familie ist stolz darauf, dass der Sohn nun doch noch eine Frau zum Altar führen kann. Alle Nachbarbauern und deren Familien sind gekommen. Der Pfarrer (es ist der Klibertas Vater) legt gerade richtig los: „Und so frage ich auch Dich, Kliberta, willst Du diesem Manne Deine ewige Treue schwören..."

Kliberta hebt die Hand und unterbricht: „Ich hätte da noch einen klitzekleinen Punkt zu besprechen!", und eröffnet die Verhandlung um die Erbschaftsregeln.

Jetzt sollte es Dir leichter fallen, den druckvollsten Punkt zu finden.

In der Branche Automotive haben wir über viele Verhandlungen von Einkaufsseite gesprochen. Dort kam es tatsächlich vor, dass Anbieter zu einem erstaunlich attraktiven Preis anboten. Kurz nachdem die Produktion angelaufen war, kam jedoch der oder die Key-Accounter/in angerannt und berichtete: „Wir haben jetzt noch einmal neu kalkuliert. Es hat sich gezeigt, dass wir mit dem Angebotspreis nicht zurechtkommen. Wir benötigen 7 % höhere Preise, sonst müssen wir die Produktion stoppen!"

Ein Lieferantenwechsel zu diesem Zeitpunkt ist quasi unmöglich – zumindest heftig aufwendig und risikoreich. Der Einkauf war gezwungen, in den sauren Apfel zu beißen und grünes Licht für die Preiserhöhung zu geben.

Aber Vorsicht! Es kann gut sein, dass Lieferanten durch diese „Pistole-auf-die-Brust-Methode" in Ungnade fallen. Falls dieser Lieferant austauschbar ist, kann er zwar bis zum Ende des aktuellen Produktzyklusses eine gute Marge schreiben, steht dann aber auf der schwarzen Liste für Neuvergaben.

Lieferanten, die dagegen einen starken USP haben, könnten lange Zeit damit durchkommen. Ich als Einkäufer frage mich: Wenn der Lieferant einen wichtigen USP hat, dann kann er doch sofort den seriösen Preis anbieten. Oder war sich die Verkäuferin bzw. der Verkäufer zum Zeitpunkt der Preisverhandlung nicht sicher, ob der USP Grund genug für eine hohe Preisdifferenz ist? Vermutlich!

Regel 5:
„Passt fast!“, sonst würde der Einkauf nicht mit Dir sprechen!

Als letzte Regel gebe ich Dir noch einen Motivationsschub mit auf den Weg. Du entscheidest ab sofort selbst, wie reif der Auftrag ist. Verlasse Dich nicht auf die Aussage des Einkaufes, sonst bist Du verlassen. Du bist keine Bittstellerin und kein Bittsteller, Du agierst auf Augenhöhe mit dem Einkauf!

Diese Regel koppelt an zwei Punkten des Ablaufplanes (den wir im folgenden Kapitel exemplarisch durchsprechen werden) an:

- Lass Dich vom Gesprächsauftakt (Startrampe) der Einkäuferin oder des Einkäufers nicht verschrecken. Die werden immer behaupten, Du seist im Wettkampf mit andern und liegst ganz weit daneben, was den Preis angeht.

- Soooo weit kannst Du aber nicht daneben liegen, wenn der Einkauf sich mit Dir beschäftigt. Niemand lädt grundlos einen deutlich zu teuren Lieferanten ein. Daher gib erst mal nicht nach!

Einkäuferinnen und Einkäufer haben nur begrenzt Zeit für Verhandlungen. Daher macht es aus deren Sicht wenig Sinn, die Zeit mit Preisverhandlungen zu verbringen, wenn der Lieferant nicht in Frage kommt. Wenn also eine Preisverhandlung stattfindet, bist Du schon mal ziemlich weit gekommen, kommst als Lieferant in Frage und bist über das Stadium einer unverbindlichen Anfrage längst hinaus. Deine Chancen stehen sehr gut!

„Aber Urs, ich habe da noch eine Frage:

Gibt es davon Ausnahmen? Gibt es Situationen, in denen Einkäuferinnen und Einkäufer alles in Bewegung setzen und umfangreiche Marktvergleiche anstellen?"

Urs Altmannsberger antwortet: „Ja klar, gibt es die. Aber eben viel seltener, als Ihr im Verkauf annehmt! Wenn Du Deine Erwartung immer auf ‚sieht gut aus' stellst, bist Du in der Lage, cool zu agieren. In der Praxis sieht das anders aus. Die Ankündigung: ‚Preisverhandlung mit dem Zentraleinkauf' ruft schon Unbehagen hervor. Dann ist die Erwartungshaltung ‚Oh oh, das sieht schlecht aus, die wollen mich bestimmt nur herunterhandeln.' Folge davon ist, die Verkäuferin oder der Verkäufer ist extrem nervös, womöglich schon panisch. Cooles Agieren ist dann unmöglich. Besser Du behältst einen kühlen Kopf und sprichst Dein Mantra: ‚Ich bin hier, weil der Kunde mein Produkt gut findet und es vermutlich kaufen will. In der Verhandlung geht es nur um Details, zu WELCHEN Konditionen wir zusammenkommen. Ich habe, was er will!'

Aber gut, sprechen wir dennoch über die Ausnahmen. Versprich mir aber bitte, dass Du Dich nicht an den Ausnahmen orientierst, sondern an der Norm.

In diesen Situationen kannst Du damit rechnen, dass der Einkauf sich umfassend vorbereitet, viele Angebote einholt und mit zahlreichen Anbietern verhandelt:

Neue Produkte, Dienstleistungen, Güter: Kommt es zur Beschaffung eines bisher nicht gelisteten Produkts, wird sich der Einkauf weitreichender informieren. Die richtungsweisende Entscheidung rechtfertigt höheren Zeitaufwand.

Beispiel: Erstmalig wird eine Mitarbeiterkantine eingerichtet. Anbieter, deren Mahlzeitenkonzepte, Geschmack und Referenzen werden genauestens geprüft.

Hohe Werte und Folgekosten: Werden durch eine Verhandlungsrunde jahrelange Investitionen entschieden, rechtfertigt der dahinterstehende Wert, sich auch Wettbewerber anzusehen, die vermutlich nicht in Frage kommen. Ziel: Ideen und Anregungen für die optimale Lösung finden, Wettbewerbsangebote zum Preisvergleich und Druckaufbau vorliegen haben, Ausstattungsmerkmale vergleichen oder auch alternative Vorgehensweisen der Anbieter kennenlernen.

Leidenschaft für das Gut: Entweder hat der Fachbereich oder der Einkauf eine besonders starke Affinität für das zu beschaffende Produkt. Beide beschäftigen sich aus persönlichen Motiven besonders ausführlich mit Angeboten und Alternativen.

Beispiele: Kaffeemaschinen, Außendienstfahrzeuge, Hotelkontingente, Smartphones, Schreibtische."

Zu Beginn einer Preisverhandlung sollte die Einkäuferin oder der Einkäufer Dich mit einer geschickten Startrampe in eine Stimmung versetzen, die Dich zu Zugeständnissen „verführt".

Einkäuferin Elke Enders eröffnet die Verhandlung mit dem langjährigen Geschäftspartner Vladimir Vassiljew mit einer taffen Startrampe: „Vladimir, wir kennen uns nun schon seit 10 Jahren. In dieser Zeit waren wir immer fair zu Euch und haben für Millionen bei Euch eingekauft. Alle 10 Jahre stoßen wir automatisch eine globale Überprüfung der Konditionen an. In Eurem Fall – muss ich Dir sagen – sind wir maßlos enttäuscht! Alle Wettbewerber (und zur Verstärkung wiederholt es Elke nochmal), wirklich alle, die wir anfragten, haben ohne jegliche Preisverhandlung schon günstiger angeboten als Du! Wenn ich dieses Ergebnis am Montag in der Geschäftsführerrunde präsentieren müsste, wird es schlimme Folgen für Dein Unternehmen haben!

Als faire Einkäuferin gebe ich Dir aber noch die Chance, Dein Angebot zu korrigieren! Wenn Du sofort ...!"

Paff! Das hat gesessen! Da würde ich vor jeder Verkäuferin und vor jedem Verkäufer den Hut ziehen, wenn sie oder er nun ganz ruhig bleibt.

Genau das wünsche ich mir von Dir!

Mache Dir klar:

- Passt fast!
  Wenn Dein Angebot halbwegs in den Markt passt, blufft die Einkäuferin oder der Einkäufer vermutlich.
- Ein Lieferantenwechsel ist nicht der bevorzugte Weg, da er aufwendig und risikoreich ist.
- Da Du eingeladen wurdest, bist Du auf jeden Fall im Spiel. Nutze das! Bleibe ruhig und steige cool in den Ablaufplan ein. Nutze die erlernten Methoden und entscheide dann selbst, ob Panik angebracht ist. Aber eben erst, nachdem Du alle Methoden des Ablaufplanes eingesetzt hast!

Fazit:

- Das Gewähren von Nachlass ist keine Pauschallösung!
- In acht von zehn Fällen verschenkst Du lediglich Deine Marge.
- Regel 1: Du bestimmst, wann verhandelt wird. Führe die Preisverhandlung dann, wenn es Dir im Verkauf in die Karten spielt.
- Regel 2: Du kalkulierst auf Basis der von der Einkäuferin und dem Einkäufer gewonnenen Informationen, statt die Kalkulation des Einkaufes zu füttern. Drehe den Spieß herum!
- Regel 3: Du entscheidest, ob Du für den erforderlichen Preis verkaufst. Biete keinen Nachlass ohne Zusagen der Gegenseite an, sonst wirfst du den Köder „Wurm" in den Teich, anstatt ihn an den Haken Deiner Angel zu stecken.
- Regel 4: Du bestimmst, wann Verträge verlängert oder Preise erhöht werden, und überraschst damit den unvorbereiteten Einkauf.
- Regel 5: Dein Angebot „passt fast!", sonst würde der Einkauf nicht mit Dir sprechen! Bei der Passt-fast!-Regel entscheidest Du, wie reif der Auftrag ist.

Exemplarischer Ablaufplan

Was Du in diesem Kapitel lernst:

- Dass Einkäuferinnen und Einkäufer so lange verhandeln, bis Du STOP signalisierst.
- Du hast also den Schlüssel für die Preisschraube in der Hand, nicht der Einkauf.
- Wie Du mit diesem einfachen Ablaufplan in jeder Phase das Zepter in der Hand behältst und damit massiv Deine Marge erhöhst.
- Ab sofort wird das Feilschen um den Preis vom Start an das Ende der Verhandlung verschoben.
- Nachgeben und Feilschen wirst Du also künftig erst, nachdem Du sicher erkannt hast, ansonsten den Abschluss zu riskieren.
- Du lernst die sieben Bausteine im Überblick kennen, die wir in den darauffolgenden Kapiteln im Detail besprechen.

Feilschen? Bitte erst zum Schluss!

Wenn ich als Einkaufsleiter meine Verhandlungen geführt habe und heute noch als Verhandler-for-rent führe, dann ist allen Verhandlungen eines gleich: Der Preis wird zu Beginn reduziert. Die Gegenleistung des Anbieters bleibt in der Regel unverändert, der Preis wird gesenkt – es wird gefeilscht.

- Ich sage: „Zu teuer!“
- Die Verkäuferin oder der Verkäufer geht im Preis schrittweise nach unten.
- Ich sage: „Immer noch zu teuer!“
- Die Preisnachlass-Schraube dreht sich schmerzhaft ins Fleisch des bemitleidenswerten Anbieters.
- Häufig wird der ursprüngliche Handlungsspielraum durch die Vertriebsleitung erweitert. Der Preis sinkt weiter.
- Schließlich erreicht die Verkäuferin oder der Verkäufer das Limit der Vertriebsleitung und sagt: „Stopp! Weiter gehen wir nicht herunter!“
- Mit dem Stopp testet die Verkäuferin oder der Verkäufer notgedrungen meine Reaktion: „Kauft der Altmannsberger am Stopp oder nicht?“

- Die Blackbox ist da: Ich als Einkaufsleiter habe das Zepter, die Verkäuferin oder der Verkäufer ist auf meine Reaktion gespannt, kann jedoch nicht weiter steuern. Im Dunkeln der Blackbox treffe ich als Einkaufsleiter die Entscheidung.

Mit diesem Handlungsmuster muss die Verkäuferin oder der Verkäufer verlieren! Immer dann, wenn eine halbwegs pfiffige Einkäuferin oder ein smarter Einkäufer den Preis nachverhandelt, enden diese Gespräche am schmerzhaften Limit. Die Verkäuferin oder der Verkäufer geht mit geringerer Marge aus der Verhandlung heraus als notwendig.

Das schmerzhafte Limit ist eben nur in der geringsten Zahl der Fälle die optimale Lösung für den Anbietenden! Wir haben in den vorherigen Kapiteln darüber gesprochen. Im Schnitt stehen in 8 von 10 Preisverhandlungen bereits die Lieferanten fest. Ein Nachlass ist in diesen Fällen verschwendete Marge. Du musst also ab sofort einen anderen Weg beschreiten. Mache nie wieder Zugeständnisse, wenn Du nicht sicher weißt, ob Du damit den Abschluss förderst.

Aus diesem Grund drehst Du Deinen bisherigen Ablaufplan der Verhandlung auf den Kopf.

- Bisher galt: Erst feilschen, dann „Stopp!“
- Jetzt gilt: Erst „Stopp!“ und vielleicht später feilschen.

Ein zweiter wesentlich veränderter Baustein ist die Richtung, in der gefeilscht wird. Zukünftig natürlich nur, falls für den Abschluss notwendig. Es ist viel sinnvoller für den Anbieter, das oberste Limit des Kunden herauszufinden, als am schmerzhaftesten eigenen Limit abzuschließen.

- Bisher feilschte der Einkauf herunter.
- Nun feilscht der Verkauf hoch.

Und noch etwas drehen wir auf den Kopf. Durch den neuen Ablaufplan bist plötzlich Du die Entscheiderin oder der Entscheider.

- Bisher entschied der Einkauf, ob er zu dem letztgenannten Preis mit Dir abschließt.
- Nun entscheidest Du, ob der maximale Preis der Einkäuferin oder des Einkäufers für Dich in Frage kommt.

Klar bleibt es ein Kampf! Statt aber – wie bisher in allen Fällen – dem Einkauf und seinen Spielregeln zu folgen, wirst Du künftig versuchen, die Oberhand zu behalten. Scheiterst Du damit, kannst Du immer noch auf den bekannten Leitfaden des Einkaufs umschwenken.

In der Tabelle stelle ich Dir eine Verhandlung um einen Nachlass in gekürzter Version dar:

Ablauf bisher	Ablauf Urs Altmannsberger
Der Einkauf fordert immer Nachlässe. Das verändert sich nicht.	Der Einkauf fordert immer Nachlässe. Das verändert sich nicht.

Ablauf bisher	Ablauf Urs Altmannsberger
Der Verkauf gewährt immer Nachlässe.	Der Verkauf gewährt grundsätzlich keine Nachlässe und sammelt stattdessen Indizien.
Der Einkauf verhandelt bis an das unterste Limit der Verkäuferin/des Verkäufers herunter. Der Verkauf sagt: „Stopp!".	Der Verkauf testet, ob der Nachlass entscheidend ist. Ist er entscheidend, so verhandelt die Verkäuferin oder der Verkäufer die Forderung bis an das Limit der Einkäuferin oder des Einkäufers hoch.
Der Verkauf hofft auf den Auftrag.	Der Verkauf entscheidet, ob er den detektivisch gefundenen Nachlass gewähren will oder auf den Auftrag verzichtet.

Tabelle 11: Vergleich Ablauf ohne Blackbox

Mit dem so veränderten Ablauf bist Du im Drivers-Seat! Du treibst die Verhandlung voran. Deine Spielregeln gelten. Du sammelst Indizien, und Du entscheidest schließlich auch, welchen Weg Du einschlagen willst. Endlich ist Schluss mit der Blackbox (der Einkauf entscheidet, und Du erwartest passiv das Ergebnis), in die Du gerätst, wenn der Einkauf die Verhandlung führt.

Du erhältst den erweiterten farbigen Ablaufplan gratis per E-Mail. Einfach den QR-Code mit Deinem Smartphone scannen oder eine E-Mail mit dem Betreff: „Bitte sende mir den Ablaufplan Preisverhandlung" an autor@profitablerverkauf.de senden.

Sieben Bausteine

Der neue Ablaufplan besteht aus sieben Bausteinen, die ich Dir in den folgenden Kapiteln näher bringe. Auf dem gedruckten Ablaufplan findest Du die zugehörigen Kapitelnummern im Kreis. Die Rauten mit Kapitelnummer zeigen die wichtigen Entscheidungspunkte „guter/schlechter/unmöglicher Auftrag“:

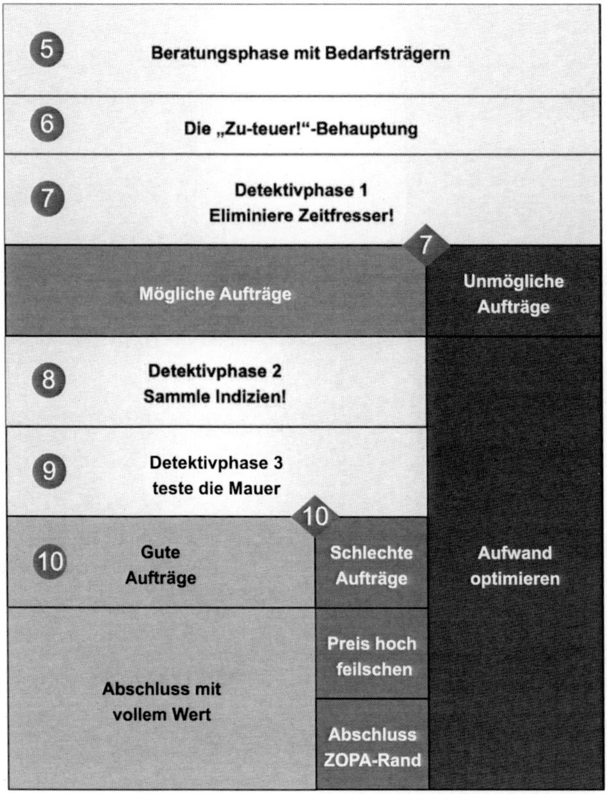

Abbildung 5: Ablaufplan Preisverhandlung

Wichtige Abbildungen, Tabellen und Zusatz-Informationen findest Du zum kostenlosen Download auf https://profitablerverkauf.de/downloads

1. Beratungsphase mit den Bedarfsträgern

Dein Gespräch mit dem Bedarfsträger ist Deine beste Chance, Indizien zu sammeln. Damit gewinnst Du Klarheit über die Entscheidungswirkung des Preises. Sucht der Bedarfsträger „irgendein Produkt" oder etwas „ganz Besonderes"? Wurden viele Wettbewerber angefragt oder nur Du?

Sollte der Kunde keine Beratung wünschen, so ist es dennoch wichtig, dass Du diese Phase nutzt. In dem Fall fragst Du aktiv einige Details beim Bedarfsträger ab. Das hilft Dir, den Kontakt aufzubauen und entscheidende Kriterien für die Vergabe zu erfahren.

Am Ende der Beratungsphase kennst Du den situationsorientierten Preis.

2. Die „Zu-teuer!"-Behauptung des Einkaufs

Der Einkauf hat Kontakt mit Dir aufgenommen und ist natürlich der Meinung, dass Dein Angebot zu teuer ist. Du weißt nun, dass dies vermutlich nur eine Taktik ist, Dich in die passive Rolle zu drängen. Du wirst Dein Recht auf Führung verteidigen.

3. Detektivphase I – Zeitfresser eliminieren

Damit Du Deine Zeit nicht für unnütze Anfragen verschenkst, prüfst Du sehr früh, ob ein Abschluss tatsächlich im Bereich des Möglichen liegt. Ist die Verhandlung vom Start her schon zum Scheitern verurteilt, lässt Du die Finger davon und widmest Dich lohnenderen Anfragen.

4. Detektivphase 2 – Indizien sammeln

Ist der Preis entscheidend? Mit detektivischer Spürnase sammelst Du Indizien, die für und gegen den Preis als primäres Entscheidungskriterium sprechen.

- Will Dich der Kunde erkennbar beauftragen, koste es, was es wolle?
- Oder hängt Deine Chance auf Abschluss tatsächlich vom Preis ab?

5. Detektivphase 3 – Mauer testen

Trotz detektivischer Spürnase weißt Du noch nicht sicher, wie wichtig der Preis für die Entscheidung ist? Das kann passieren, wenn die Verhandler auf Kundenseite perfekt Hand in Hand arbeiten. Es ist deren Ziel, Dich im Unklaren zu lassen, damit Du sicherheitshalber die Preise senkst.

Genau für diesen Fall biete ich Dir die von mir entwickelte Methode des Mauerbrechens an. Adaptiert für Deine Belange im Verkauf nennen wir die Methode „Mauertest". Du testest, ob das ausgesprochene „Zu-teuer!" des Einkaufs tatsächlich eine unüberwindbare Mauer oder ein Bluff ist. Theoretisch könntest Du den Mauertest bereits nach dem ersten Redeblock des Einkäufers anwenden, also sehr viel früher. Da sich die Methode „abnutzen" kann, gehen wir aber sparsam mit deren Einsatz um. Setze den Mauertest also erst dann ein, wenn die Detektivphasen 1 und 2 für Deine Analyse keine oder zu wenig Indizien zutage gefördert haben.

6. Preisverhandlung „aufwärts feilschen“

Die Detektivphasen oder der Mauertest haben ergeben, dass der Preis entscheidend ist? Dann ist jetzt der Moment gekommen, den Preis anzupacken. Vorher hast Du den Preis zunächst an die Seite gestellt und Informationen gesammelt. Allein der Schritt vom Listenpreis (LP) zum situationsorientierten Preis (SP) hatte nicht ausgereicht. Du bist in den Augen des Einkaufes tatsächlich zu teuer. Jetzt gilt es, den Preis zu senken, falls Du Dir den Auftrag auch mit niedrigerer Marge sichern willst.

Doch wie packst Du den Preis richtig an? Wenn Du den Preis senkst, startest Du die Preisschraube. Denn nach jedem Zugeständnis von Dir verlangt der Einkauf einen weiteren Schritt. Also gilt auch hier die Kehrtwende! Du versuchst den Einkäufer dazu zu bringen, seinerseits einen Preis zu nennen, der zum Abschluss führt. „Jetzt kennen Sie meinen Preis, sind damit aber nicht einverstanden. Zu welchem Preis kommen wir ins Geschäft?“

Die Person im Einkauf wird sich dagegen wehren. Sie kennt ja den Trick: „Wer-nachgibt-wird-zum-weiteren-Nachgeben-aufgefordert.“ Dann musst Du durchsetzungsstark alles daran setzen, in der Verhandlung die Oberhand zu behalten. Ein professionelles Kräftemessen zwischen „Marge behalten“ auf Verkaufsseite und „Saving generieren“ auf der Einkaufsseite.

Sei Dir bewusst: In dieser Phase erfragst Du das gebluffte Preislimit der Einkäuferin/des Einkäufers. Damit ziehst Du einen Boden in das sprichwörtliche Fass ohne Boden ein. Statt in der Abwärtsspirale von „zu teuer, zu teuer, immer noch zu teuer“ zu leiden, hast Du nun einen Preis, der auf jeden Fall gezahlt wird.

Davon ausgehend verhandelst Du nach oben (!) und näherst Dich dem wahren Limit.

Dieser Weg vereint alle Vorteile des Verhandelns auf Deiner Seite mit Ausnahme des Ankereffekts. Im Detailkapitel gehe ich selbstverständlich darauf ein, wie Du diesen Nachteil zu Deinen Gunsten kippst.

7. Entscheidung durch den Verkauf

Wo Dich der Einkauf zuvor im Unklaren ließ oder eine Entscheidung fällte, hältst Du nun das Zepter des Handelns in der Hand. Du kennst die Umgebungsvariablen des Auftrages. Du hast eine klare Information über den machbaren Preis und fällst daraufhin Deine Entscheidung, ob Du den Auftrag haben möchtest.

Du entscheidest, ob Du den Auftrag zum vorliegenden Preis ausführen möchtest.

Entweder hast Du den situationsorientierten Preis (SP) voll durchgesetzt, dann ist es keine Frage. Du wirst den Auftrag mit hoher Marge ausführen. Oder Du hast erkannt, dass Du mit dem situationsorientierten Preis (SP) scheitern würdest. Dann hast Du einen Boden eingezogen und nach oben das Limit des Einkaufs erkannt. Dann steht die Frage im Raum: Hast Du Interesse, zu diesen Konditionen den Auftrag auszuführen? Du wirst den Einkauf darüber informieren.

Fazit:

- Das Feilschen um den Preis gehört ans Ende einer Verhandlung. Zuerst musst Du herausfinden, ob ein Entgegenkommen tatsächlich notwendig ist. Jedes andere Zugeständnis ist verschwendete Marge!

- Es entscheidet nicht mehr der Einkauf, ob er zu dem letztgenannten Preis mit Dir abschließt, …

- … sondern Du als Verkäuferin oder Verkäufer, ob der maximal akzeptable Preis der Gegenseite für Dich in Frage kommt.

- Der neue Ablaufplan besteht aus sieben Bausteinen:

  1. Beratungsphase mit den Bedarfsträgern
  2. Die „Zu-teuer!"-Behauptung des Einkaufs
  3. Detektivphase 1 – Zeitfresser eliminieren
  4. Detektivphase 2 – Indizien sammeln
  5. Detektivphase 3 – Mauer testen
  6. Preisverhandlung „aufwärts feilschen"
  7. Entscheidung durch den Verkauf

Die Beratungsphase mit den Bedarfsträgern

Was Du in diesem Kapitel lernst:

- Mit welchem Personenkreis Du eine womöglich folgende Preisverhandlung schon frühzeitig entschärfst.
- Was Bedarfsträger sind, und wie Du sie für Dein Produkt oder Deine Dienstleistung erkennst.
- Wann Du aus einem Listenpreis (oder ähnlich definierten Standardpreis) auf einen „situationsorientierten Preis (SP)“ wechselst.
- Wann der richtige Zeitpunkt für Dein Signal „STOP!“ ist.
- Wann der richtige Zeitpunkt für einen Nachlass ist.

Besser vorher mit dem Bedarfsträger intensiv sprechen

Nachdem Du im vorherigen Kapitel den Überblick über den Ablauf gewonnen hast, schauen wir uns nun die einzelnen Phasen näher an. Lege Dir am besten den ausgedruckten Ablaufplan neben Dein Buch, um Dir einzuprägen, wie Dich der Plan Schritt für Schritt zum optimalen Ergebnis führt. Wir starten mit der Beratungsphase. In der Beratungsphase sprichst Du mit den Personen, die Dein Gut möchten, brauchen oder angefordert haben. Diese Personen nennen wir „Bedarfsträger". Unter dem Begriff „Gut" verstehen wir alle Produkte, Dienstleistungen, Rechte und so weiter.

Definition Bedürfnis, Bedarf sowie Bedarfsträger, Bedürfnisträger:

Bedürfnis können wir grob mit dem Wunsch beschreiben, ein Gut zu erhalten. Das sagt noch nicht, dass derjenige sich das Produkt leisten kann.

Bedarf ist derjenige Teil der Bedürfnisse, die durch Einkommen (Privathaushalt) oder vorhandenes Budget (Unternehmen) gedeckt sind.

Bedürfnisträger wären dementsprechend Kunden, die anfragen, aber nicht kaufen.

Bedarfsträger ist der Teil der Menschheit, der für Dich interessant ist. Diese haben sowohl den Wunsch, ein Gut zu erhalten, als auch das Kapital dafür.

Bedarfsträger sind in der Regel nicht die Personen im Einkauf, sondern eine weitere Abteilung im Unternehmen Deines potenziellen Kunden, die das Gut benötigt. Es kann dort genauso gut eine Gruppe, aber auch eine einzelne Person sein. Im Ausnahmefall ist es auch der Einkauf, der für eigene Bedarfe tätig wird. Dann sind Bedarfsträger und Beschaffungsfunktion vereint.

Vielleicht ist es trivial und Dir völlig klar: Die Bedarfsträger (also die Person oder Gruppe, die sich Dein Gut wünscht) sind während der Preisverhandlung Deine Kooperationspartner. Sie sind Mitspieler auf Deiner Seite. Die Person oder Gruppe hat sich für eine präferierte Lösung entschieden und ist bereit, dafür das Geld des Unternehmens auszugeben. Der Einkauf hält dagegen den mahnenden Finger hoch und versucht, das Geld des Unternehmens vor zu freizügiger Weggabe zu schützen.

Die Bedarfsträger sind im übertragenen Sinne Deine Anwälte in der Verhandlung um den Preis. Es sind Deine Fürsprecher, die den Einkauf dazu überreden wollen, selbst zu einem hohen Preis die Wunschlösung zu sourcen.

Die Bedarfsträger sind Deine Anwälte in der Preisverhandlung!

Je besser Du mit Deinen Anwälten in Kontakt stehst, desto schlauer wirst Du, ob die Preisverhandlung ein heißes Eisen ist oder nur ein schauspielerisches Beiwerk auf dem Weg zu Deinem Auftrag.

Nutze das sofort und zu Beginn!

In dieser frühen Phase ist der Einkauf oft noch nicht eingebunden. Vergleiche das mit einem schlafenden Wachhund. Gerade dann, wenn es sich um einmalige Beschaffungen dreht, hast Du jetzt tolle Möglichkeiten, die Preisverhandlung schon für Dich zu entscheiden, bevor sie überhaupt startet.

„Aber Urs, ich habe da noch eine Frage!

Wie ist das im Einzelhandel, wo der Bedarfsträger der Endverbraucher ist und gar nicht im Unternehmen sitzt?“

Urs Altmannsberger antwortet: „Da hast Du recht. Der Bedarfsträger wäre zum Beispiel die Kundin oder der Kunde im Supermarkt.

Daher setzen Unternehmen der Konsumgüterbranche auch bei den Endkunden an. Der Bedarfsträger ist also nicht eine interne Person oder Gruppe, sondern der externe Endverbraucher.

Will das Unternehmen ein neues Damenparfum im Umsatz steigern und zu hohen Preisen verkaufen, so versucht es, die Endkundinnen oder Endkunden entsprechend zu beeinflussen.

Wege dazu sind etwa die typische TV-Werbung, Influencer, Blogger oder eine Kopplung mit Vorbildern und Prominenten.

Das Prinzip bleibt gleich: Die Anwälte stehen dann zwar außerhalb des Unternehmens. Deren Wunsch, ein bestimmtes Produkt kaufen zu wollen, beeinflusst aber auch dann die Vorentscheidung der Einkäuferin bzw. des Einkäufers.

Es macht keinen Sinn, im Handel ein anderes Produkt in die Regale zu stellen, wenn die Bedarfsträger = Kunden es nicht kaufen werden."

Der Listenpreis wird zum Kunden-situationsorientierten-Preis (SP)

In den Preisverhandlungstrainings stellen die Teilnehmerinnen und Teilnehmer oft die Frage: WANN sollen wir einen Nachlass geben? Wann innerhalb der Zeitspanne zwischen Anfrage und (erhofftem) Auftrag soll der Rabatt ausgesprochen werden?

Mein geschätzter Kollege Tim Taxis vertritt die Meinung, gar keinen Nachlass zu gewähren, wenn der Preis nicht entscheidend ist. Quasi den Listenpreis anbieten und diesen auch durchsetzen. Das ist soweit richtig, und er erreicht damit einen besonders hohen Gewinn. Dennoch sehe ich ergänzend dazu Gründe, wann es sinnvoll ist, von einem Listenpreis abzuweichen (plane den Listenpreis immer so, dass er Dir einen Spielraum lässt und eine einmalige Anpassung an die individuelle Kundensituation möglich ist).

- Einkäufer/-innen finden sich nicht damit ab, den Listenpreis zu zahlen, wenn sie statt einem Stück Tausende abnehmen.

Wir Einkäuferinnen und Einkäufer nehmen Listenpreise nicht ernst. Wir sind es schlichtweg gewohnt und erwarten auch, dass der Listenpreis ungefragt, noch vor der eigentlichen Preisverhandlung nach unten korrigiert wird.

> Daraus folgt, dass zu irgendeinem Zeitpunkt ein individueller Preis ausgesprochen werden sollte!
>
> Doch wann ist ein besonders geeigneter Zeitpunkt?

Sammeln wir die Alternativen und stellen uns dabei die Frage: „Wann ist der beste Zeitpunkt für einen individuellen Angebotspreis? Welche Nebenwirkungen haben die verschiedenen Zeitpunkte auf Deine Beziehung zum Kunden.

Zeitpunkt	Wirkung beim Kunden	Wirkung bei Dir
Schon in der frühen Phase der Beratung Nachlass gewähren.	Der Bedarfsträger fühlt sich wertgeschätzt.	Die Marge sinkt.
Kategorisch keinen Nachlass in der Beratungsphase gewähren.	Der Bedarfsträger ist eigentlich Dein Anwalt im Unternehmen. Deine Unnachgiebigkeit belastet die Beziehung.	Marge bleibt hoch, die angekratzte Beziehung zum Bedarfsträger kann den Auftrag gefährden.
Du vertagst die Preisfindung auf den Moment der Preisverhandlung mit dem Einkäufer/der Einkäuferin.	Der Bedarfsträger vermutet, dass der Preis auf ein faires Niveau angepasst wird.	Du musst mit dem Einkauf den Preis verhandeln. Jeder Nachlass beschleunigt die Abwärtsspirale Deiner Marge. Zugeständnisse ziehen weitere Forderungen nach sich.

Zeitpunkt	Wirkung beim Kunden	Wirkung bei Dir
Du nutzt in allen Phasen die Taktik „nett, aber stur“.	Der Bedarfsträger und der Einkauf schlucken die bittere Pille, wenn das Gut unbedingt benötigt wird. Ein bitterer Beigeschmack belastet die Beziehung anfänglich. Später wird ein Gewöhnungseffekt eintreten, der Deinen Preis schützt.	In 8 von 10 Fällen steht im Vorfeld fest, ob Du gewonnen oder verloren hast. Wenn Deine Firma auserwählt ist und das auch künftig so bleibt, ist das eine gute Lösung. In 2 Fällen verlierst Du den Auftrag ohne Preisanpassung.
Du sprichst in der Beratungsphase einen situationsorientierten Preis (SP) aus und boxt ihn durch die Preisverhandlung.	Die Beziehung zu den Bedarfsträgern wird gestärkt. Denen wird deutlich: Du hast die besonderen Umstände berücksichtigt und einen fairen Preis ausgesprochen. Der Einkauf lernt mittelfristig: Der SP muss nicht nachverhandelt werden.	Deine Anwälte werden Dich in der Preisverhandlung verdeckt und sogar offen unterstützen. Der Einkauf wird einlenken. Deine Marge ist fair. Du kannst zu Deinem Angebot guten Gewissens stehen.

Tabelle 12: Zeitpunkte für Preisanpassungen im Vergleich

Aha, der „situationsorientierte Preis (SP)“
ist eine gute Lösung!

Ich gebe Dir einen noch tieferen Einblick in die Denkweise des Einkaufs: Gehen wir davon aus, dass es einen Preis in Deinem Unternehmen gibt, der sich Listenpreis nennt oder einem Listenpreis gleicht. Das kann der Preis für ein Stück, für eine Einheit und Ähnliches sein. Das Wort „Listenpreis“ löst in meinen Ohren als Einkäufer ein Denkmuster aus. Für mich bedeutet der Listenpreis:

- Wunschpreis ohne Realitätsnähe.
- Preis zur Abwehr von Kunden, die nur eine Einheit kaufen wollen.
- Verhandlungsbasis, von der aus Preisverhandlungen gestartet werden.
- Indikationspreis oder Orientierungspreis, der eine ungefähre Richtung zeigt, ob ein Produkt überhaupt in Frage kommt.

Solch einen Preis im Einkauf durchzuboxen, wird schwierig, sobald die Menge über der Basiseinheit (von einem Stück, einer Stunde, einem Kilo) liegt. Du würdest sowohl vom Fachbereich als auch vom Einkauf Unverständnis ernten. Alle Beteiligten im Business erwarten, dass bei höheren Abnahmemengen auch ein besserer Preis angeboten wird. Klar gibt es auch Ausnahmen. Und klar: Du kannst auch versuchen, das durchzuboxen. Du musst dabei jedoch mit erheblicher Gegenwehr rechnen. Vor allem aber verlierst du die Rückendeckung deiner Anwälte (die Bedarfsträger, der Fachbereich). Denn wenn die denken: „Wir sind der Verkäuferin oder dem Verkäufer nicht wichtig, weil überhaupt nicht auf unsere Bedürfnisse eingegangen wird!", kann es schnell zu einer Trotzreaktion kommen. Dann rückt der Auftragsabschluss in weite Ferne und es wird für Dich schwer, jemals wieder einen Fuß in die Tür zu diesem Kunden zu bekommen.

Aus Einkaufssicht lege ich Dir daher nahe, stets ein Entgegenkommen zu zeigen, dann aber auch einen klaren Schlussstrich zu ziehen.

Du wirst also künftig versuchen, schon mit den Bedarfsträgern über preisbeeinflussende Faktoren (wie Menge, Laufzeit, Exklusivität, Forecasts etc.) zu sprechen und dann einen Preis abgeben, der die Situation widerspiegelt.

Idealverlauf für den Preis vom Angebot bis zum Auftrag:

- Es existiert ein Listenpreis oder ein gleichbedeutender allgemein angegebener Preis.

- Im Gespräch mit den Bedarfsträgern erfährst Du preisbeeinflussende Informationen wie Menge, Zeitraum und Laufzeit.

- Daraufhin gibst Du einen situationsorientierten Preis (SP) ab …

- … und dann gilt STOPP!

- Du veränderst den Preis nur noch, wenn auch die Preisbeeinflusser von Kundenseite verändert werden.

- Gegenüber dem Einkauf setzt Du diesen Preis durch.

- Der Einkauf stellt fest: „Da lässt sich nichts machen!“, und hat damit seinen Job erledigt.

Ein Beispiel hilft, diese ungewöhnliche Phase in Deine Praxis zu transferieren:

Beispiel zur Beratungsphase:

Viktoria Valentin aus dem Verkauf der Stoppendruf Maschinenbaugesellschaft wird von der Sektkellerei Einhorn angefragt. Einhorn benötigt Abfüllmaschinen. Details sind noch nicht bekannt.

Im Gespräch mit dem Produktionsleiter Paul Pitsch fragt sie nach den Preisbeeinflussern. Beide duzen sich seit der letzten Schaumweinverkostung.

Viktoria: „Du Paul, gerne will ich Dir vom Start weg ein passendes Angebot unterbreiten. Sag mir dafür doch kurz, um welchen Auftragsumfang es sich dreht.“

Paul: „Wir brauchen aufgrund des gestiegenen Umsatzes zwei weitere Abfüllmaschinen.“

Viktoria: „Weißt Du, ob in naher Zukunft darüber hinaus weitere Maschinen gebraucht werden?“

Paul: „Wir planen, innerhalb von vier Jahren nochmal ein

Gebäude zu erweitern. Dort wären weitere vier Maschinen angedacht."

Viktoria: „Inwieweit können wir diese vier Maschinen schon mit in die jetzige Beauftragung ziehen?"

Paul: „Das geht eigentlich nicht, da die Planung noch nicht abgesegnet ist!"

Viktoria: „Unter welchen Umständen könnten wir den-noch vorausdenken?"

Paul: „Wir würden die Maschinen wieder bei Euch bestellen. Es klappt ja auch alles so weit gut. Aber wie gesagt, ich habe keine Glaskugel, was in den nächsten Jahren passiert."

Viktoria: „Wenn ich schriftlich hätte, dass Du die Maschinen bei uns kaufen wirst, falls die Geschäftsführung zum zukünftigen Zeitpunkt die Erweiterung absegnet, würde ich Dir schon jetzt ein Angebot geben, was die weiteren vier Maschinen berücksichtigt. Wir könnten eine Klausel aufnehmen, die das genau so abbildet, wie Du es jetzt gesagt hast. Wäre das o.k. für Dich?"

Paul: „Ja super Viktoria. Das können wir so machen. Also sechs Maschinen, wovon vier von der zukünftigen Freigabe der GF abhängen."

Viktoria: „Wann würde denn der Auftrag an uns rausgehen?"

Paul: „Den Auftrag könnte ich Dir heute Abend schicken."

Viktoria: „Vor zwei Jahren hattet ihr die baugleiche Maschine geordert. Inzwischen sind die Rohstoffkosten aber heftig gestiegen. Was ist denn eine Preissteigerung, die für Euch o.k. wäre?"

Paul: „Die Rohstoffsituation trifft uns auch immer wieder. Biodünger ist beispielsweise um 30 % nach oben geschossen. Die Nachfrage ist einfach zu hoch."

Viktoria: „Puh, ja das ist schon ein großer Sprung. Muss ich denn bezüglich Eures Einkaufs noch was beachten, wenn ich Dir das Angebot sen-de?"

Paul: „Ach ja richtig. Den Einkauf hatte ich ganz vergessen. Dann schreibe mir doch bitte ein Angebot mit 3–4 % Puffer für die Nachverhandlung. Unser Einkäufer wird sich darüber freuen, wenn er Dich anruft und Du ihm dann die Prozente wieder nachlässt. Erfahrungsgemäß ist er mit 3 % oder 4 % einverstanden. Den Rest regle ich schon intern."

Viktoria freut sich über die margen- und umsatzträchtige Aussicht auf sechs Maschinen und gibt nun einen Preis ab, der immer noch hoch, gleichzeitig aber glaubwürdig, partnerschaftlich und fair ist.

Fazit:

- Bedarfsträger sind die Personen, die Dein Gut möchten, brauchen oder angefordert haben.
- Der Einkauf wird sich in der Regel nach deren Vorgaben oder Vorschlägen richten.
- Sprich mit Deine Bedarfsträgern intensiv in der Beratungsphase, denn sie sind die Fürsprecher des Deals und damit Deine Anwälte in der Preisverhandlung mit dem Einkauf.
- Es sollte stets ein individueller Preis ausgesprochen werden, da sich Einkäuferinnen und Einkäufer mit dem Listenpreis oder Standardpreis nicht zufrieden geben dürfen.
- Der „situationsorientierte Preis (SP)" ist eine gute Lösung!
- Sprich diesen Preis aus, nachdem der Auftragsum-fang (erneut) geklärt ist.
- Vom „situationsorientierten Preis (SP)" weichst Du erst am Ende der Verhandlung ab, falls der Mauertest (Kapitel 9) das Scheitern der Verhandlung signalisiert.

Die „Zu teuer“-Behauptung

Was Du in diesem Kapitel lernst:

- Dass „Zu teuer!“ nur eine Floskel und ein Test ist.
- Wie viele Anlässe „Zu teuer!“ tatsächlich auslösen, und dass ein Nachlass folglich nur in wenigen Situationen eine Lösung ist.
- Dass zu viele Verkäuferinnen und Verkäufer aufgrund einer puren Floskel unnötig auf Marge und Provision verzichten.
- Warum Du im Zweifel besser einen stabilen Preis statt eines Nachlasses anbietest.
- Wie Du Dein Unterbewusstsein bei Nachlassforderungen aus der Nervosität in die Ruhe führst.
- Ob der Preis stets angesprochen werden soll.

„Zu teuer!“ ist nur eine Floskel!

Nach Deinen Vorgesprächen mit den Bedarfsträgerinnen und Bedarfsträgern kommt die Einkäuferin oder der Einkäufer ins Spiel. Die Kernaussage Eures ersten Kontakts wird vermutlich sein: „Der Angebotspreis ist zu hoch!“

Im Hintergrund ist Folgendes geschehen: Der Fachbereich oder die Bedarfsträgerin/der Bedarfsträger hat den Einkauf angestoßen, das Wunschgut zu beschaffen. Die Wachhunde des Kundenbudgets sind geweckt und sofort in „Hab-Acht-Stellung“ gegangen. Damit beginnt die Maschinerie des Einkaufs zu rattern. Als erstes sichtbares Zeichen wirst Du kontaktiert. Per E-Mail, per Telefon und bei großen Unternehmen auch per Software-Anwendung:

Sehr geehrte Frau Valentin,

wir freuen uns, Ihnen mitteilen zu können, dass wir unseren Maschinenpark in der Einhorn Sektkellerei erweitern werden. Wir bitten Sie und Ihre Wettbewerber, uns den günstigsten Preis für folgenden Auftragsumfang abzugeben:

- 1) Zwei baugleiche Maschinen
- 2) Lieferung, Aufbau und Inbetriebsetzung

Aus Ihrem Sortiment kommt die Maschine 2218Q5T6 in Frage. Bei Wettbewerbern sind es qualitativ und leistungsmäßig deckungsgleiche Maschinen.

Die Angebote sind gemäß unseren EKBs zu erstellen. Der Aufbau der Maschine ist als Festpreis zu inkludieren.

Angebote werden bis Mittwoch der kommenden Woche akzeptiert. Die verspätete Abgabe führt zum Ausschluss aus dem Bieterkreis.

Mit freundlichen Grüßen
Ewald Ehrlich, Einkaufsleitung Interner Bedarf

Nachdem Du im Kapitel: „Schätze Deine Ausgangsposition besser ein" schon gelernt hast, dass Einkäufer in 80 % der Fälle bluffen müssen, wunderst Du Dich nicht über den Brief. Nur in 20 % ist es ernst, und der Preis würde die Entscheidung beeinflussen.

Die „Zu-teuer"-Behauptung gehört zum Geschäft des Einkaufs wie der Hals zum Kopf. Ohne geht es einfach nicht.

Was kannst Du tun:

- Zu allererst bleibst Du cool. Irgendwann lernt Dein Unterbewusstsein den Umgang mit „Zu teuer!". Bis es so weit ist, wirst Du Dir das Mantra bewusst vorsagen: „Es ist die Aufgabe des Einkaufs, den Preis auf Herz und Nieren zu prüfen. ‚Zu teuer!' ist nur ein Test, den ich bestehen muss!"

- Wenn Du einen Preis abgegeben hast, zu dem Du guten Gewissens stehen kannst, ist alles in Ordnung. Dann wirst Du in der Preisverhandlung mit dem Einkauf den Preis mit allen Fasern Deines Körpers glaubwürdig verteidigen können.

- Mache Dir zudem bewusst: Die Einkäuferin oder der Einkäufer sucht nach dem bestmöglichen Preis. Den signalisierst Du durch Dein „Stopp, bis hierhin und nicht weiter!“. Erst nach dem Mauertest ist eine Veränderung des Preises wieder Thema.

- Deine Aufgabe besteht im Moment darin, nett und glaubwürdig den Preis zu bestätigen. Falls Du geplant hast, dem Einkauf einen zusätzlichen Rabatt zu geben, würdest Du ihn mit einer gekoppelten Bedingung aussprechen und danach „Stopp, bis hierhin und nicht weiter!“ signalisieren.

Immer die Preise ansprechen?

In diesem Ratgeber gehen wir davon aus, dass es zu einer Preisverhandlung kommt.

Ideal ist es hingegen, wenn Du die Preisverhandlung komplett vermeidest. Also dann, wenn die Bedarfsträgerin oder der Bedarfsträger Dich beauftragt, ohne dass es zu einer Preisverhandlung mit dem Einkauf kommt.

Konditioniere Dein Unterbewusstsein aktiv darauf, dass „zu teuer“ vorerst keine Aussagekraft hat. Es ist in den meisten Fällen eine Floskel in der Konversation wie ein „Hallo!“ oder „Guten Tag!“.

Damit wäre dann auch schon das Wichtigste geschafft!

Falsch ist es, auf ein „Zu teuer!“ hin direkt mit einem Nachlass zu reagieren. Das wäre der Startschuss für die Preis-runter-Schraube, die Du vermeiden willst. Mit einem zu schnellen

Entgegenkommen signalisierst Du sogar, dass „da noch mehr geht"!.

Nutze stattdessen die Altmannsberger-UM-Technik. Kurz: AU. Damit umgehst Du die Führung der Einkäuferin oder des Einkäufers und nimmst das Zepter des Handelns in die eigene Hand.

„UM Ihnen einen auf Ihre individuelle Situation passenden Preis nennen zu können, müsste ich noch wissen, um welche Menge es sich dreht." Diese Technik zeige ich Dir im Detail im Kapitel 9, „Detektivphase 2".

„Aber Urs, ich habe da noch eine Frage:

„Was kann ich tun, wenn ich nervös werde, sobald der Einkauf ‚Zu teuer!' ausspricht?"

Urs Altmannsberger antwortet: „Deine Reaktion ist verständlich. Als Verkäuferinnen und Verkäufer seid Ihr durch hunderte Preisverhandlungen gebrandmarkt. Dabei kann ‚Zu teuer!' so viele unterschiedliche Themen bedeuten.

Deine Nervosität wird künftig wie weggeblasen sein, wenn Du mehrmals erfolgreich mit meinem Plan gearbeitet hast. Dann realisiert Dein Unterbewusstsein: Erst kommt zu teuer, dann folgen die Detektivphasen, und dann entscheide ich, ob der Preis tatsächlich zu teuer ist oder nicht.

Mache Dir innerlich klar, dass der Preis gerne Thema sein darf.

Aber eben erst dann, wenn die Indizien für ein Scheitern ohne Nachlass sprechen. Die Indizien sammeln wir in den Detektivphasen. Solange vertagen wir die Entscheidung auf die letzte Phase der Preisverhandlung. Genauso lange sollte auch Dein Körper spüren: Noch sind wir in der Phase der Informationsbeschaffung. Es gibt daher keinen Grund, nervös zu sein."

Hier einige Beispiele, was „zu teuer" auf Basis der eben angefragten Abfüllmaschine für Schaumwein bedeuten könnte und wie unterschiedlich der nächste Schritt für eine Lösung folglich sein kann.

- Die Sektkellerei hat kein Geld und kann sich eine Erweiterung nicht leisten.

- Lösung: Die Maschine ist nicht zu teuer. Es mangelt an der Finanzierungsmöglichkeit der Sektkellerei. Du entscheidest, ob Du ein alternatives Finanzierungsmodell anbietest. Ratenkauf, Leasing oder Miete könnte einen Gedanken wert sein.

- Ist es die Liquidität? Die Sektkellerei hat genug Finanzkraft, aber nicht im aktuellen Quartal.

- Lösung: Eine Preissenkung um – sagen wir 10 % – wäre nur eine schwache Hilfe. Viel besser wäre doch, 100 % des Kaufpreises auf später zu verschieben. Natürlich mit der gebotenen kaufmännischen Absicherung und einem Zuschlag für den Zahlungsaufschub.

- Die Maschine hat im Vergleich zum Wettbewerb einen höheren Preis.

- Lösung: Auch jetzt ist eine Preissenkung nicht unbedingt die allen Erfolg versprechende Idee! Ist die Leistung im Vergleich zu den Wettbewerber-Maschinen identisch? Das würde ich erst mal in Zweifel ziehen. Selbst wenn es dann so wäre, ist denn der Wettbewerber genauso nah am Kunden wie Du? Erst wenn das alles in die Berechnung von „zu teuer" einfließt, ist es an der Zeit, über einen Nachlass nachzudenken.

Im Zweifel für den Angeklagten. Im Zweifel für den Preis!

Unsere Rechtsprechung geht davon aus, dass Angeklagte so lange als unschuldig gelten, bis deren Schuld zweifelsfrei feststeht. Eine vollstreckte Strafe rückgängig zu machen, ist schwer. An der früheren Todesstrafe (bis 2018 stand die Todesstrafe noch als Strafe für „besonders schwere Verbrechen" in der Verfassung des Landes Hessen) ist es deutlich abzulesen: Fällt später auf, dass der Angeklagte gar nicht schuldig war, konnte solch eine Todesstrafe nicht rückgängig gemacht werden.

- Für die unter Verdacht stehende Person ist das Leben in Freiheit wichtig.

- Für Dich als Verkäuferin und Verkäufer ist der Gewinn, die Marge und der angemessene Preis wichtig.

Bevor Du also eine Verurteilung Deines Preises als „zu teuer" akzeptierst, gilt im übertragenen Sinn die Unschuldsvermutung. Dein Preis ist unschuldig. Er gilt als „akzeptabel", solange nicht das Gegenteil bewiesen ist.

Vorrangig willst Du einen möglichst hohen Gegenwert für Deine zu verkaufenden Güter erzielen. Das Ergebnis schon gleich zu Beginn zu senken, wäre unklug! Dein Hauptziel Gewinn, Marge oder Umsatz opferst Du erst, wenn es zweifelsfrei notwendig ist, und dann auch nur in dem Maß, wie es zwingend nötig ist. Einverstanden?

Grundregeln für „zu teuer":

Bevor Du den Sinn und Zweck Deines Handelns aufs Spiel setzt, bewegst Du alle anderen Hebel und nutzt alle zur Verfügung stehenden Methoden.

▶ Der Nachlass ist kein Allheilmittel!

▶ Du kannst alle Hebel in Bewegung setzen, ...

▶ ... aber der Preis wird noch nicht angetastet!

Fazit:

- „Zu teuer!“ ist nur eine Floskel!
- Die Kernaussage des ersten Kontakts heißt so gut wie immer: „Der Angebotspreis ist zu hoch.“
- Im Zweifel befindest Du Dich mit einem stabilen Preis auf der klügeren Seite, mit einem Nachlass dagegen meistens auf der Verliererseite.
- Deshalb wende die Grundregel für „Zu teuer!“ an:

  Der Nachlass ist kein Allheilmittel!
  Du kannst alle Hebel in Bewegung setzen, ...
  ... aber der Preis wird noch nicht angetastet!

Detektivphase 1 – eliminiere Zeitfresser

Was Du in diesem Kapitel lernst:

- Dass Kundenwünsche und Entscheidungskriterien zwei Paar Schuhe sind.
- Dass Du Zeitfresser schon zu Beginn der Preisverhandlungen identifizieren solltest.
- Wie du Zeitfresser mit dem Altmannsberger-Zeitfresser-Test (AZ) früh erkennst.
- Warum Du ein hypothetisches Szenario abfragen solltest, selbst wenn Du nicht daran interessiert wärst.
- Nach was Du Dein Gegenüber fragen solltest, um Klarheit über die Erreichbarkeit Deines Zieles zu gewinnen.

Zeitfresser früh erkennen und eliminieren

In der Detektivphase 1 wirst Du Zeitfresser eliminieren. Als Zeitfresser bezeichne ich Kundenanfragen, die nicht in einen Auftrag münden.

- Der Kunde hat einen anderen bevorzugten Lieferanten, von dem er nicht abweichen wird.
- Der Kunde fragt nur an, um drei Angebote vorlegen zu können.
- Der Kunde kann sich Dein Produkt nicht leisten.
- Der Kunde fungiert nur als Strohmann für Deinen Wettbewerber, der Dich aushorchen will.

So erkennst Du Zeitfresser:

Ich zeige Dir, wie Du aussichtsreiche Anfragen schnell von Zeitfressern unterscheiden kannst. Bevor Du Dich mit einem Anfrager eingehend beschäftigst, findest Du heraus, ob die dafür notwendige Zeit auch Früchte tragen kann. Anschließend betreust Du nur diejenigen Anfrager weiter, die höchstwahrscheinlich zu Kunden werden. Bleibt danach noch Zeit übrig, kannst Du sie in weniger aussichtsreiche Anfrager investieren.

Beispiel Willnich Bau:

Klaus Völker, Verkäufer für Gabelstapler, betreut seit Jahren den Kunden Heinz Willnich Bau. Völker bietet regelmäßig Testgeräte an und senkt die Preise auf ein schmerzhaftes Niveau. Zu jeder Veranstaltung lädt er den Geschäftsführer Heinz Willnich ein. Trotzdem kauft der keinen einzigen Stapler bei ihm. In dessen Lagerhaus sind stattdessen fünf Stapler vom Wettbewerber im Einsatz. Der Verkäufer des Wettbewerbers heißt Fritz Willnich und ist der ältere Bruder von Heinz.

Stimmst Du mir zu, dass Klaus seine Zeit verschwendet? Die Brüder machen das Geschäft unter sich aus. Nur wenn die sich zerstreiten würden, hätte ein Klaus Völker Chancen.

Wenn selbst im Idealfall Dein Ziel unerreichbar ist,
sind Gespräche und Verhandlungen verschwendete Zeit!

Ursprünglich nannte ich die hier vorgestellte Phase „Tote-Pferd-Frage". Angelehnt an die Weisheit der Sioux-Indianer, die empfehlen, von toten Pferden frühzeitig abzusteigen, wirst Du künftig eine Methode anwenden, die Dir recht schnell signalisiert, wie hoch die Chancen auf einen Abschluss sind. Zur leichteren Kommunikation nennen wir diesen Test:

Altmannsberger-Zeitfresser-Test (AZ)

Dazu gehört, dass Du zu Beginn eines Angebotsprozesses erfragst,

- wovon die Vergabe abhängt, und
- dann testest, ob Du bei Erfüllung der Kriterien auch tatsächlich mit dem Auftrag rechnen kannst.

Übertragen auf den Fall von Klaus Völker hört sich das gekürzt so an:

Völker: „Unter welchen Umständen sind Sie bereit, den nächsten Stapler bei mir zu kaufen?"

Willnich: „Da müssen Sie mit dem Preis schon 30 % heruntergehen!"

Völker: „Was darüber hinaus wäre für die Beauftragung entscheidend?"

Willnich: „Ich will 10 Jahre Garantie!"

Völker: „Was noch?"

Willnich: „Sonst nichts!"

Völker: „Nur einmal angenommen, wir einigen uns in all diesen Punkten, sind wir dann im Geschäft?"

Willnich: „Nein!"

Völker: „Was fehlt denn dann noch?"

Willnich: „Eigentlich nichts. Aber ich kann das meinem Bruder nicht antun, auch wenn Sie die besseren Stapler haben."

Du siehst, Völker hat keine Chance. Er ist damit gut beraten, seine Bemühungen an wertvollerer Stelle zu investieren.

Der Einsatz des Altmannsberger-Zeitfresser-Tests (AZ) ist sowohl bei Kaltakquise als auch bei Preisverhandlungen ratsam. Weit gefasst rate ich Dir sogar, jede zielgerichtete Kommunikation mit diesem Test zu starten. Damit übst Du den Einsatz des AZ und wirst sicher in der Anwendung.

Beispiel: Jede zielgerichtete Kommunikation sollte vorher auf die Wahrscheinlichkeit, zum Ziel zu gelangen, getestet werden.

Hilde und Bert sind ein Paar. Hilde würde gerne einmal wieder tanzen gehen. Bert hat immer Ausreden, warum es gerade nicht passt.

Hilde hat im Preisverhandlungstraining den Zeitfresser-Test von Urs Altmannsberger (AZ) gelernt. Nun wendet sie ihn direkt im privaten Umfeld an.

Hilde: „Du Bert, ich würde gerne einmal wieder tanzen gehen."

Bert: „Och nee! Du weißt doch, dass ich diese Woche noch den Kaninchenstall streichen muss."

Hilde: „Was ist darüber hinaus noch zu erledigen, dass wir dann einmal tanzen gehen können?"

Bert: „Du, ich habe so lange nicht mehr getanzt. Da müssen wir erst mal einen Kurs belegen."

Hilde stellt weitere Fragen, um alle Ausreden in Erfahrung zu bringen. Wir überspringen die Details.

Hilde: „Angenommen, wir finden für alle Punkte eine Lösung, gehen wir dann auch tatsächlich tanzen?"

An dieser Stelle sind 2 Antworten denkbar: Bert 1 und 2.

Bert 1: „Ja, dann gehen wir tanzen, mein Schatz."

Bert 2: „Nein, auch dann werde ich nicht mit Dir tanzen gehen."

Auflösung: Bei Bert 1 ist alles o.k.. Hilde kann ihr Ziel erreichen. Bei Bert 2 geht er selbst im Idealfall nicht mit Hilde tanzen. Das sollte Hilde in ihre Überlegungen bezüglich der Zukunft einbeziehen.

Eine unvollständige Abfrage führt zu einem überflüssigen Nein.

Meine Empfehlung an Dich für Deine Praxis: Frage zuerst alle Entscheidungskriterien ab!

Erfragst Du die Kriterien unvollständig und stellst die AZ-Frage: „Angenommen, wir werden uns in allen Punkten einig, sind wir dann im Geschäft?" zu früh, erhältst Du vermutlich ein „Nein!", weil eben noch nicht alle Kriterien auf dem Tisch liegen. Das Wort Nein belastet dabei die Kommunikation mit Deinem potenziellen Kunden. Besser ist es für Deine Verhandlung, wenn Du alle Kriterien erfahren hast und danach ein viel positiveres „Ja" erhältst.

Frage nach den Entscheidungskriterien für Dein Ziel, nicht nach Wünschen des Gegenübers!

Mit diesen Fragen erfährst Du, was entscheidend ist:

- „Nach welchen Kriterien entscheiden Sie, wer den Zuschlag für den Auftrag erhält?"
- „Was ist neben dem Preis noch entscheidend bei der Vergabe?"
- „Sie haben bestimmt einige Anbieter eingeladen. Nach welchen Kriterien haben Sie die ausgewählt?"

Bringe in Erfahrung, unter welchen Umständen Du Dein Ziel erreichst. Stelle sicher, dass wirklich Dein Ziel im Fokus steht.

Falsch ist: „Mit welchem Preis unterschreiben Sie mir den Auftrag?"

Der Preis ist vielleicht ein Thema der Verhandlung (nur in 20 % der Fälle, hatte ich das schon erwähnt?), aber für Dich sind andere Themen erst mal viel wichtiger. Du willst wissen, nach welchen Kriterien der Auftrag vergeben wird, und nicht, welchen Preis sich der Einkauf wünscht.

Diese und ähnliche Fragen stellst Du mehrmals. Die ganze Phase lebt davon, dass Du alle Kriterien herausfindest. Lege Dir also zahlreiche Formulierungen zurecht. Achte auf abwechslungsreiche Fragen. Dein Gegenüber darf nicht auf die Idee kommen, Du horchst ihn oder sie aus. Du sollst interessiert klingen! Dein Gegenüber muss das Gefühl gewinnen, dass er oder sie mit genau der richtigen Person am Tisch sitzt und gemeinsam direkt auf das Ziel zugearbeitet wird.

Wohlgemerkt: Der Einkauf denkt, es ginge darum, seine Wünsche und Anforderungen möglichst genau zu definieren, also um seine Ziele. Tatsächlich verfolgst Du aber Deinen Plan zu Deinem Ziel.

Preis, Preis und nochmal Preis!

- Was entscheidend ist? Der Preis natürlich!

- Und darüber hinaus? Nochmal der Preis natürlich!

Ich vermute, Du wirst in zahlreichen Gesprächen als erstes Kriterium den Preis hören. Das ist normal. Oftmals berichten mir Verkäufer in meinen Verhandlungstrainings, der Einkauf antworte sogar dreimal hintereinander: „Preis, Preis und nochmal Preis!"

Lasse Dich davon nicht ablenken! Wie oben beschrieben gehört das zum ganz normalen Habitus des Einkaufs. Frage nach den darüber hinausgehenden Kriterien!

So könnten Deine Notizen aussehen, die der Einkäufer gerne auch sehen darf, während Du mitschreibst. Mit dem Notieren von „Preis" erkennt die Einkäuferin oder der Einkäufer, dass Du verstanden hast und lässt zu, über weitere Kriterien zu sprechen. Hier ist das Beispiel einer Notiz eines Wirtschaftsberaters während einer Preisverhandlung:

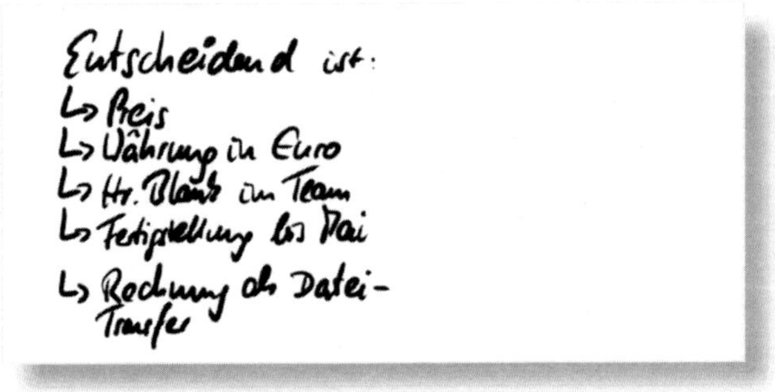

Dem Kunden ist also vermeintlich der Preis wichtig, dass in Euro abgerechnet wird, unbedingt Herr Blank im Team ist (was ein klares Kaufsignal ist) und das Projekt bis Mai abgeschlossen wird.

Beachte auch die persönlichen Motive des Einkäufers!

Getreu dem Motto: „Jedem Tierchen sein Pläsierchen!" haben auch Einkäuferinnen und Einkäufer persönliche Motive, die Einfluss auf die Verhandlung oder sogar auf den Abschluss haben. Hat die Bedarfsträgerin oder der Bedarfsträger eine Lieferantenentscheidung getroffen, wiegen die persönlichen Motive des Einkaufes zwar weniger schwer, Du solltest sie dennoch in die Abfrage inkludieren.

Besondere Beachtung verdienen diese Motive dann, wenn die Bedarfsträgerin oder der Bedarfsträger in 20 % der Fälle keinen bevorzugten Lieferanten nennt oder Du ein Commodity-Produkt anbietest. Wir hatten bereits besprochen, dass bei Commodity-Produkten Deine Person und Dein Unternehmen zum

USP werden. Das Produkt ist vergleichbar, der Anbieter jedoch ist unique. Genau hier docken die Motive der Einkäuferin und des Einkäufers an. Wollen die eine besonders bequeme Umsetzung? Die Rechnung per Dateitransfer statt auf Papier? Wollen die einen deutschsprachigen Ansprechpartner? Wollen die immer dienstags um 11:30 Uhr angerufen werden? Was auch immer deren Wünsche sind, wenn Du sie erfüllen kannst, hast Du im Commodity-Umfeld bessere Karten als Dein Wettbewerber, der die persönlichen Motive außer Acht gelassen hat.

- „Und für Sie persönlich, Herr Einkäufer, wenn Sie an die Umsetzung des Auftrags denken, was sind da weitere Punkte, die wir beachten sollen?"

Diese Punkte ergänzt Du in Deinen Notizen:

Erinnere Dich, Du willst vollumfänglich alle Entscheidungskriterien. Das gilt auch für die persönlichen Motive Deines Gesprächspartners. Hake also auch ebenfalls mehrmals nach. Nutze unterschiedliche Formulierungen zur Abwechslung.

Teste nun, welche Qualität die Anfrage hat.

Gehen wir davon aus, Du hast alles richtig gemacht und die vollständigen Entscheidungskriterien liegen wie ein Kartenspiel vor Dir aufgeblättert auf dem Tisch:

Die Logik ist nun folgende: Wenn Du alle Kriterien erfüllst, die für die Auftragserteilung wichtig sind, erhältst Du den Auftrag. Logisch. Es spricht kein Punkt dagegen, weil Du alle Kriterien erfragt hast und Du (rein hypothetisch) so tust, als ob Du sie erfüllen könntest.

Du stellst den Einkauf auf die Probe:

- „Angenommen, wir werden uns in allen Kriterien einig, sind wir dann im Geschäft?"

Mit dem Wort „angenommen" verdeutlichst Du, nur ein hypothetisches Szenario abzufragen. Es muss Deinem Gegenüber klar sein, dass dies noch keine Zusage für Zugeständnisse bedeutet.

> Die Hypothese ist der Kernpunkt der AZ-Taktik!
>
> Die Hypothese darf nicht mit einem Zugeständnis verwechselt werden.

Nur einmal so tun als ob, was sicher ein verständliches Handlungsmuster für alle Beteiligten ist. Es ist Dein berechtigtes Interesse zu erfahren, was im Falle eines Falles Ergebnis sein könnte.

Zur unterstützenden Visualisierung zeichnest Du eine alle Entscheidungskriterien umfassende Klammer:

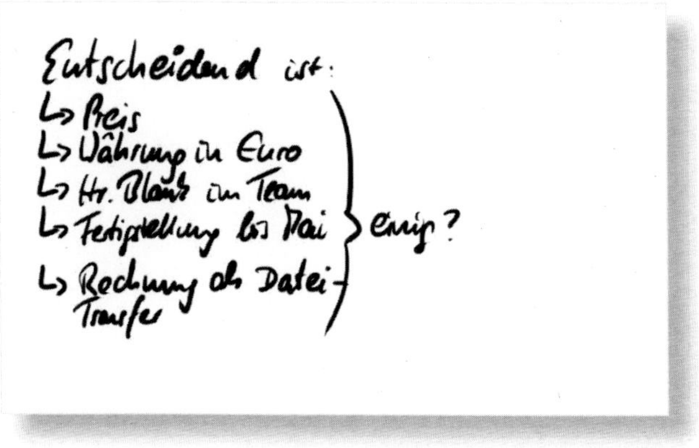

Zwei Antworten sind wahrscheinlich:

- „Ja, dann erhalten Sie den Auftrag!“

- Jetzt sieht die Situation für Dich schon einmal ganz gut aus. Aber (!) der Preis ist noch in den Kriterien enthalten. Wir werden später daran arbeiten, Wunschkriterien von Entscheidungskriterien zu trennen. Ist also der bessere Preis nur ein Wunsch oder tatsächlich entscheidend für die Vergabe?

- „Nein, selbst dann erhalten Sie den Auftrag nicht/nicht sicher!“

- Selbst im Idealfall ist der Auftrag nicht in Sicht? Wie kann das denn sein? Entweder gibt es versteckte Entscheidungskriterien, die noch nicht ausgesprochen wurden (wir denken an die familiäre Bindung zu Fritz Willnich), oder es handelt sich um ein „totes Pferd“. Investiere noch Zeit für eine weitere Frage-Runde mit dem Inhalt: „Was muss denn dann zusätzlich noch gegeben sein, damit ich den Auftrag erhalte?“

„Aber Urs, ich habe da noch eine Frage:

Es könnte doch sein, dass mehrere Lieferanten alle Kriterien erfüllen und dann eben doch wieder der Preis ausschlaggebend ist?"

Urs Altmannsberger: „80 % ist der Preis nicht entscheidend, 20 % ist der Preis entscheidend. Das gehört ganz normal mit in Deine Frage bei der AZ-Technik hinein. Ich verdeutliche es an einem Beispiel. Der Einkauf nennt Dir vier Entscheidungskriterien:

- Preis im Budgetrahmen
- Qualität gemäß Lastenheft
- Verfügbarkeit in 6 Wochen
- Preis besser als die Wettbewerber

Hier taucht zweimal der Preis auf. Einmal als absoluter Wert, der den Rahmen nicht sprengen darf, das andere Mal als Vergleichsergebnis zwischen mehreren Anbietern.

Die AZ-Frage lautet also vollständig: „Angenommen, wir bieten einen Preis, der in Ihrem Budgetrahmen liegt, treffen die Qualität und Verfügbarkeit und haben den besten Preis im Wettbewerbsvergleich, sind wir dann im Geschäft?" Du packst schlicht alles, was der Einkäufer als Entscheidungskriterium genannt hat, mit in die AZ-Abfrage. Und dazu gehört in diesem Beispiel auch das Kriterium „besserer Preis als Wettbewerber".

Wenn Du daraufhin ein ‚NEIN' erhältst, ist der Preis auf jeden Fall nicht das Problem. Selbst wenn Du alle Kriterien erfüllst und einen besseren Preis als der Wettbewerber anbietest, bekommst Du nicht den Zuschlag. Vermutlich kommt das Angebot also ganz allgemein nicht in Frage. Also ein totes Pferd der Sioux oder eben ein unmöglicher Auftrag."

Im Booklet Detektivphasen findest Du vertiefende Praxisbeispiele, die den Rahmen dieses Buches sprengen würden.

Im Booklet „Detektivphasen" findest Du vertiefende Praxisbeispiele, die den Rahmen dieses Buches sprengen würden.

Das Booklet kannst Du ganz einfach beim Autor Urs Altmannsberger bestellen.

Scanne dazu den abgebildeten QR-Code mit Deinem Smartphone.

Du schließt die Detektivphase 1 mit der Erkenntnis ab, ob Du im Idealfall den Auftrag erhalten oder ob Du ihn selbst dann nicht erhalten kannst. Damit hast Du Zeitfresser erkannt und kannst diese eliminieren. Übrig bleiben potenzielle Aufträge, die entweder zum vollen Angebotspreis SP oder nur nach Zugeständnissen umsetzbar sind. In der folgenden Detektivphase werden wir weitere Informationen ans Licht holen, diese guten Aufträge von schlechten zu differenzieren.

Psychologischer Vorteil: Du hast in einem Punkt Einigung mit dem Gesprächspartner erzielt. Ihr seid Euch einig, dass ein Abschluss möglich ist. Da Du hierbei rein hypothetisch arbeitest, hast Du noch keine Zugeständnisse aus der Hand gegeben.

Achte darauf, dass dem Verhandler auf der Gegenseite klar ist, dass wir zu diesem Zeitpunkt rein hypothetisch eine Einigung in allen Kriterien angenommen haben und damit keinesfalls schon Zugeständnisse gegeben wurden.

Fazit:

- Wenn selbst im Idealfall Dein Ziel nicht erreichbar ist, sind Gespräche und Verhandlungen nur Zeitfresser!
- Eine unvollständige Abfrage führt zu einem überflüssigen Nein.
- Frage nach den Entscheidungskriterien für Dein Ziel, nicht nach Wünschen des Gegenübers!
- Erfrage zusätzlich auch die persönlichen Motive des Einkäufers, die Dein Ziel beeinflussen.
- Anstatt tiefer in Details einzusteigen, sammelst Du vor der hypothetischen Abfrage die Entscheidungskriterien nur oberflächlich, quasi als Überschriften.
- Biete in dieser frühen Phase noch keine Zugeständnisse an, ...
- ... sondern frage erst das rein hypothethische Szenario ab, bei dem eine Einigung in allen Kriterien eintreten würde.

Detektivphase 2 – sammle Indizien

Was Du in diesem Kapitel lernst:

- Dass Du den situationsorientierten Preis (SP) in der Detektivphase 2 grundsätzlich nicht veränderst.
- Wie Du mit der „Altmannsberger-UM-Taktik" (AU) von der Preisfrage des Einkaufs zurück zu Deinem Ablaufplan gelangst.
- Dass Du einen Film in Deinem Kopf ablaufen lässt, der Abweichungen zutage fördert.
- Dass es eine Taktik „China-Preis-Falle" gibt, die Dich viel Marge kosten kann.
- Wie Du viele Signale in der Preisverhandlung aktiv herausfordern kannst.
- Dass genau drei Anknüpfungspunkte für die dritte und letzte Detektivphase existieren, die über das weitere Vorgehen und Deine Zugeständnisse entscheiden.

Lass den Einkauf reden und sammle dabei Indizien!

Nachdem Du erfahren hast, im Idealfall der Partner für die Umsetzung des Auftrags zu sein, geht es nun darum, den Preis zu schützen. In der Detektivphase 2 bleibt der Preis unangetastet. Du hattest im Vorgespräch mit dem Bedarfsträger einen situationsorientierten Preis (SP) angeboten. Der bleibt vorerst unverändert!

In der Detektivphase 2 ist der Preis fix!

Du stellst Fragen und sammelst Indizien.

Ausnahme: Werden preisbeeinflussende Faktoren verändert, etwa die Abnahmemenge erhöht, früher abgenommen oder eine mehrjährige Abnahmeverpflichtung angeboten, dann verändert sich auch der situationsorientierte Preis (SP). Das ist kein Nachlass, sondern ein neuer Preis für eine neue Situation.

Vorsicht China-Preis-Falle!

Lasse dich nicht auf utopische Abfragespiele des Einkaufs ein. Die von mir zur „China-Preis-Taktik“ getaufte Vorgehensweise sondiert Preise bei riesigen Mengen. Mit der Frage: „Was kostet es, wenn ich Ihre gesamte Jahresproduktion mit einem Schlag abnehme?“ versucht der Einkauf, Deine variablen Kosten herauszufinden. Sind die bekannt, wird er den Anker-Effekt zu seinem Vorteil nutzen. Anker-Effekt bedeutet, dass sich die Beteiligten an einem im Raum stehenden Wert orientieren. Es ist ein psychologischer Effekt, dem wir nur schwer entgehen können. Bewusst (das gilt für den Einkauf) und unbewusst (der Verkauf wollte es nicht) orientieren sich beide an dem niedrigen Preis der hohen Menge. Es fällt dem Verkauf nun schwerer, den hohen Preis zu rechtfertigen, nachdem die Stückkosten bekannt sind.

Grundregel ist, keinen Preisnachlass zu gewähren, bevor Du nicht sicher weißt, dass der entscheidend für die Vergabe ist. Die Einkäuferin oder der Einkäufer wird das natürlich standhaft behaupten. Darauf solltest Du Dich im Sinne Deines Ergebnisses aber nicht verlassen.

Daher gehst Du den nächsten detektivischen Schritt.

Vor Dir liegen die Entscheidungskriterien aus der Detektivphase 1 und das „Ja" für den Falle der Einigung.

Als Einkäufer bin ich es gewohnt, dass ab diesem Moment vor allem der Preis besprochen wird. Das haben wir aber genau ausgeschlossen. Nach dem neuen Plan sprichst Du nun über alles, außer dem Preis.

Das kann dazu führen, dass die Einkäuferin oder der Einkäufer Einspruch erhebt und über den Preis sprechen will: „Jetzt sagen Sie mir doch erst mal einen Preis!"

Auf keinen Fall lässt Du Dich darauf ein! Stattdessen nutzt Du meine „AU"-Technik.

Ausgeschrieben nennt sie sich „Altmannsberger-UM-Technik". Das ist aber zu sperrig für Dich, wenn Du in einer Verhandlung

Deiner Kollegin oder Deinem Kollegen einen Tipp für den nächsten Schritt geben willst. Daher die Kurzform AU.

„Urs, da habe ich eine Frage:

Soll ich den Einkäufer jetzt UM-hauen?“

Urs Altmannsberger antwortet: „Nein, lieber nicht. Das UM steht für UM-lenken!“

Mit der Altmannsberger-Um-Technik „AU“ behältst Du die Führung und Deinen Plan bei.

Du lenkst die Einkäuferin oder den Einkäufer wieder auf Deinen Plan um. Im Normalfall wird der Einkäufer/die Einkäuferin nachdrücklich den Preis als Zahl einfordern. Das willst Du umschiffen.

Wenn Du stattdessen eine Formulierung nutzt, die der Einkäuferin oder dem Einkäufer zielführend erscheint, wird er Dich und Deine Führung akzeptieren:

- „**Um** Ihnen den optimalen Preis zu nennen, müsste ich wissen, in welcher Menge Sie das Produkt abnehmen. Wie hoch wäre die?“
- „Der Preis hängt von einigen Faktoren in Ihrem Hause ab. **Um**

Ihnen einen Preis nennen zu können, benötige ich noch die Information, wann Sie das Projekt beginnen möchten."

- „**Um** abzuschätzen, ob ich Ihnen einen Nachlass geben kann, sagen Sie mir doch bitte, welche anderen Produkte Sie noch nehmen. Was wäre da noch interessant für Sie?"

Mit offenen, direkten Fragen hast Du höhere Chancen auf Antworten. Im Vorschlag 1 und 3 nutze ich „Was?" und „Wie hoch?".

Aber auch indirekte Fragen, wie im Vorschlag 2 („... benötige ich noch ..."), sind in der Praxis zur Auflockerung akzeptabel.

Unterschiedliche Fragearten sind wichtige Methoden in der Führungstechnik. Hier zur Auffrischung das Wichtigste:

- Wer fragt, der führt!
- Wissen ist Macht. Sammle daher Wissen durch Fragen, statt zu antworten.
- Offene Fragen sind geeignet, um der Partnerin oder dem Partner viele Informationen zu entlocken.
- Offene Fragen werden auch W-Fragen genannt. Die Frageworte beginnen mit dem Buchstaben „W".
- Geschlossene Fragen dagegen werden meist mit „ja" oder „nein" beantwortet. Der Informationsgehalt der Antwort ist also niedriger. Nutze diese Frageform, wenn Du Entscheidungen herausforderst.

In der Detektivphase 2 regst Du die Person auf der Gegenseite an, möglichst viele Informationen preiszugeben. Salopp gesprochen: Lass die Gegenseite plaudern!

Je mehr die Person über die Kaufsituation spricht, umso eher werden ihr bemerkt oder unbemerkt Signale über die Lippen gehen. Diese Signale verraten Dir, ob Du und Dein Unternehmen bevorzugt sind oder stattdessen im Haifischbecken des Wettbewerbs schwimmen.

Signale bewusst wahrnehmen

Du wirst die Signale besonders deutlich wahrnehmen, wenn Du einen fiktiven Verhandlungsablauf vor Augen hast, bei dem die Einkäuferin oder der Einkäufer …

- die freie Wahl unter mehreren Anbietern hat,
- die Bedarfsträgerin oder der Bedarfsträger keine Vorauswahl getroffen hat oder
- Dein Preis deutlich zu hoch ist.

- die freie Wahl unter mehreren Anbietern hat,
- die Bedarfsträgerin oder der Bedarfsträger keine Vorauswahl getroffen hat oder
- Dein Preis deutlich zu hoch ist.

Analysiere die Unterschiede zwischen dem fiktiven Verhandlungsablauf „Preis entscheidet" und dem wahren Verhandlungsablauf.

Du wirst erkennen, ob die Szenarien kongruent sind oder nicht übereinstimmen.

„Aber Urs, ich habe da noch eine Frage:

Mir ist klar, dass in einem Buch nicht alle Verhandlungssituationen erschöpfend behandelt werden können. Könntest Du nicht in einem Extraheft oder auf einer Website aktuelle Situationen und die Anwendung Deiner Methoden beschreiben?"

Urs Altmannsberger antwortet: „Während ich das Buch schreibe, kommen mir ähnliche Ideen. Alle ‚Wenn-und-Aber'-Alternativen in das Buch zu packen, würde es unübersichtlich machen. Außerdem hat jede Leserin und jeder Leser ein ganz individuelles Erfahrungsniveau. Einige würde ich mit der Fragetechnik langweilen. Andere sind dankbar für eine Auffrischung. Daher ist eine Trennung in das Hauptbuch und ergänzende Booklets eine tolle Idee! Damit lasse ich Dich, alle Leserinnen und Leser an diesem Wissensschatz teilhaben. Aber eben genau so, wie jede und jeder es sich wünscht. In den Booklets, die ich veröffentliche, werde ich

- Verhandlungsbeispiele aus der Praxis packen,
- Sondersituationen und Ausnahmen erklären,

- viele erprobte Formulierungsbeispiele zur Auswahl stellen.

Für diese Kapitel beispielsweise gibt es umfangreiche Indizien, die ich in meiner langjährigen Praxis beobachtet und gesammelt habe. Rutscht der Einkäufer nervös auf seinem Stuhl hin und her, ist die Einkäuferin zurückgelehnt und sichtlich uninteressiert? Sagt der Verhandler: „Sie sind mir empfohlen worden!', oder muss er Antworten vom Bedarfsträger einholen, die eigentlich bekannt sein müssten, wenn er vorher (wie behauptet) Wettbewerber am Tisch hatte.

Und das sind nur ein paar. Die Indizien sind so vielschichtig, dass sich dafür tatsächlich ein extra Booklet lohnt."

Gerne möchte ich mit Dir die Analyse üben. Dafür können wir direkt in Kontakt treten. Schaue Dir den Business-Fall Konfuzius-Seats an. Es ist ein Fall, der in der realen Praxis existiert. Natürlich habe ich die Branche und alle Namen verändert, damit die Geheimhaltungspflicht gewahrt bleibt. Sende Deine Analyse ein, und wir sprechen darüber.

Beispiel Lin Huiyin:

Die Verkäuferin Lin Huiyin vom Automobilzulieferer Konfuzius-Seats wird zum dritten Mal zum Luxus-Fahrzeughersteller Rolfs Reus zitiert. „Die Preise sind zu hoch", sagt der Einkaufsleiter, der beim dritten Meeting erstmalig mit dabei ist. Neben ihm sitzt ein externer Einkaufsberater im feinen Anzug, der geschätzt 8000 Euro Tagessatz verlangt.

Du übst, indem Du Deine Gedanken sammelst:

Vergleiche die Verhandlung, vor der Lin steht, mit einer Verhandlung, in der der Einkauf die freie Wahl unter mehreren Anbietern hat, die Bedarfsträgerin oder der Bedarfsträger keine Vorauswahl getroffen hat und Lins Angebot deutlich zu teuer ist.

- Was liest Du aus diesem Beispiel?
- Wie hoch ist der Druck auf Lin, den Preis zu senken?
- Ist eine Preissenkung nötig, um den Auftrag zu gewinnen?
- Welche anderen Tipps würdest Du Lin geben, wie soll sie sich in der Verhandlung verhalten?

Sende Deine Stichworte mit der Überschrift LIN HUIYIN an **autor@profitablerverkauf.de**

Live-Time-Versprechen: Du erhältst Deine Antwort direkt vom Autor Urs Altmannsberger! Sollte ihn die Zahl der Rückmeldungen überwältigen, werden wir die Auflösung gemeinsam mit mehreren Einsenderinnen und Einsendern besprechen.

Lege es darauf an, die Einkäuferinnen und Einkäufer möglichst lange im Gespräch zu halten. Je länger sie reden, desto mehr Chancen bieten sich, interessante Details zu erfahren, die Deine Verhandlungssituation verbessern.

Auf ein einzelnes Indiz verlässt Du Dich besser nicht. Das könnte ein ungewöhnlicher Sprachgebrauch oder eine Floskel sein.

Vielleicht ist es der Person auf dem Stuhl nur unbequem, und sie rutscht daher hin und her? Auch macht es einen Unterschied, zu welchem Pesönlichkeitstyp Dein Gegenüber gehört. Da gibt es Menschen, die gerne und viel gestikulieren, und wiederum andere, die fast regungslos sind.

Deine Aufgabe in dieser Phase ist:

- Vorbereitete W-Fragen zu stellen. Du kannst Deine Fragen einmal zusammenstellen und lernen. Achte aber darauf, dass es dann nicht wie abgelesen klingt.

- Du prüfst die Auskünfte des Einkaufes immer wieder gegen die Antithese: „Würde sich die Person so verhalten, wenn ich deutlich zu teuer angeboten habe?"

- Abschließend konsolidierst Du die Einzel-Indizien.

Die folgende Tabelle zeigt Dir das Ergebnis der Konsolidierung im Zusammenhang mit meinen Empfehlungen für das weitere Vorgehen:

Analysierte Situation	Weiteres Vorgehen
Alle Indizien zeigen an, dass der Einkauf mindestens einen Wettbewerber hat, der • von der Bedarfsträgerin oder vom Bedarfsträger akzeptiert wird • Leistungskriterien voll erfüllt • persönlich willkommen ist • gleichzeitig günstiger im Preis anbietet	Wenn Du alle Indizien richtig analysiert hast und dieses Ergebnis dabei herauskommt, kannst Du Dich auf eine Preisverhandlung einstellen. Diesmal ist es aber nicht so tragisch, denn Du hast nach wie vor das Zepter in der Hand. Du sitzt am Hebel der Entscheidung. Dein nächster Schritt ist der Mauertest. Wenn der ebenfalls den Preis als Entscheidungskriterium auswirft, gehst Du in die Phase der Preisfindung über. Du wirst einen Preisboden finden und dann nach oben verhandeln.
Alle Indizien zeigen an, dass der Einkauf keinen Wettbewerber hat, der • von der Bedarfsträgerin oder vom Bedarfsträger akzeptiert wird • Leistungskriterien voll erfüllt • persönlich willkommen ist • gleichzeitig günstiger im Preis anbietet	Verteidige Deinen Preis professionell! Für den Einkauf ist es eine qualifizierte Lösung, wenn Du ihm zeigst: Nichts geht mehr! Dann kann er sich zurückziehen und die Bestellung guten Gewissens auslösen. Hat der Einkauf den bestmöglichen Preis (wie hoch der ist, bestimmst Du!) für einen vom Bedarfsträger fixierten Lieferanten erreicht, hat er seinen Job zu 100 % erledigt. Zeige Entgegenkommen, wenn die Variablen verändert werden. Zeige eine klare Grenze bei unveränderten Variablen. Auch auf die Bitte, sich in der Mitte zu treffen oder abzurunden, lässt Du Dich (mit höflichem Bedauern) nicht ein!

Analysierte Situation	Weiteres Vorgehen
Die Indizien sind nicht eindeutig auszuwerten, oder die erhaltenen Informationen sind zu wenig. • Einige sprechen für Dich als Lieferanten. • Andere zeigen eher auf existierenden Wettbewerb hin.	Erst mal kein Preisnachlass – denn Du kannst immer noch nicht sicher sagen, ob dieser pure Verschwendung ist oder tatsächlich das Ergebnis beeinflusst. Jetzt wirst Du Dich voll auf den Mauertest konzentrieren. Richtig angewandt wird er Dir ein klares Signal geben, ob die Einkäuferin oder der Einkäufer blufft oder der Preis tatsächlich gesenkt werden muss.

Tabelle 13: Analyse Wettbewerber

Fazit:

- In der Detektivphase 2 bleibt der Preis unangetastet. Lass den Einkauf reden, stelle Fragen und sammle dabei Indizien!
- Rege die Person auf der Gegenseite an, möglichst viele Informationen und Signale preiszugeben.
- Im Vergleich mit dem fiktiven Film: „Der Preis ist wirklich entscheidend!" fallen Dir Abweichungen im Verhalten und der Wortwahl des Einkaufs auf.
- Nutze verschiedene Fragearten, vor allem offene, direkte Fragen, um die Führung beizubehalten.
- Analysiere das Ergebnis nüchtern auf der Grundlage der beobachteten Indizien.
- Die Analyse stellt die Weiche für Deine nächsten Schritte und eventuelle Zugeständnisse.

Detektivphase 3 – teste die Mauer

Was Du in diesem Kapitel lernst:

- Wie Du letzte Zweifel ausräumst, ob Du auf einen Teil Deiner Marge verzichten musst, um den Auftrag zu gewinnen.
- Dass Du vor einem weiteren Nachlass unbedingt die Mauer testest.
- Wie aus Urs Altmannsbergers ursprünglicher Einkäufertaktik „Mauerbrecher" die Verkäufertaktik „Mauertest" abgeleitet wird.
- Dass in früheren Zeiten mit höherem Risiko geblufft werden musste, was nun mit der Anwendung des Altmannsberger-Mauertestes (MT) entschärft ist.
- Aus welchen vier Bausteine der Mauertest besteht.
- Wie du Reaktion des Einkäufers oder Einkäuferin auswertest.
- Welchen nächsten Schritt Du nach dem Mauertest, abhängig von drei möglichen Reaktionen des Einkaufes, Du gehst.

Letzte Zweifel ausräumen

Du kommst Deinem Ziel immer näher, nur noch notwendige Rabatte zu gewähren. Damit schenkst Du Deiner Marge einen Booster. Das alles passiert, ohne dass Du Deine Kundenbasis erweitern musst. Also ein Effekt auf das aktuell laufende Geschäft. Gleiches Business, nur mit viel mehr Marge und Gewinn!

In der Tabelle (S. 198/199) hast Du die Indizien ausgewertet. Je nach Analyse wirst Du jetzt den Preis verteidigen oder die Mauer testen. In diesem Abschnitt erkläre ich Dir den Mauertest in seinen wichtigen Grundlagen. Auch hierzu gibt es ein Booklet, das Dir hilft, wenn Du darüber hinausgehende Wünsche wie Formulierungsbeispiele, Analysebeispiele etc. hast.

Der Mauertest ist aus meinem Mauerbrecher entstanden. Ursprünglich habe ich nur Trainings für Einkäufer/-innen angeboten. Im Unterschied zum Verkauf wollen die Einkäufer/-innen nicht nur die Mauer testen (scheitert der Auftrag am Preis?), sondern die Mauer durchbrechen. Die Einkäuferin oder der Einkäufer möchte ja weitere Zugeständnisse hören.

Von mir trainierte Einkäufer/-innen nutzen den Mauerbrecher, um die Mauer des Verkaufs zu testen und gleichzeitig zu durchbrechen.

Als Verkäuferin und Verkäufer musst Du nichts durchbrechen und nutzt daher nur den Testteil. Du willst erfahren, ob die Mauer real oder nur eine eindrucksvolle Kulisse ist.

Das Ergebnis des Mauertests wird die Antwort sein, ob Dein Auftrag am seidenen Faden des Preises hängt.

Für den Mauertest spielen viele verschiedene psychologische Bausteine eine Rolle, die ineinandergreifen und am Ende offenbaren, wie dick die Mauer ist. Ist es eine Attrappe aus Pappmaschee oder eine stabile Wand wie ein mittelalterlicher Burgwall? Genau wie die oben genannten Frageszenarien würden auch die Beispiele zum Mauertest den Rahmen dieses Buches sprengen. Daher habe ich die situative Anwendung des Mauertests in einem Booklet „Der Mauertest" aufbereitet. Um zu verstehen, wie der Mauertest für Deine Verhandlung funktioniert, ist das Hintergrundwissen nicht unbedingt notwendig, sondern nur, wie Du den Mauertest anwendest. Willst Du aber die verschiedenen Techniken tiefer kennenlernen, um sie auf Deine ganz besonderen Bedürfnisse anzupassen, empfehle ich Dir ergänzend mein Booklet.

Die Quintessenz ist: Du sendest einen Schock aus. Dieser Schock sorgt für unterschiedliche Reaktionen auf Einkaufsseite, die Du auswertest. Als Schock verwendest Du einen vermeintlichen Verhandlungsabbruch. Das wurde früher in einer gefährlichen Form angewendet, die nicht mehr zeitgemäß ist, weil ich bessere Taktiken entwickelt habe:

Beispiel: Riskanter Bluff-Test zu früheren Zeiten

Verkäufer Vincent ist mit dem Einkaufsleiter Roland seit 20 Minuten im Gespräch. Wir steigen in der Phase ein, in der beide Seiten mauern.

Roland: „Mit dem von Dir angebotenen Preis werde ich den Auftrag an einen Wettbewerber geben müssen!“

Vincent: „Dann kann ich Dir nicht weiterhelfen. Dann musst Du eben beim Wettbewerber kaufen.“

Vincent steht auf und geht in Richtung Tür. Er hofft, dass Roland ihn zurück an den Tisch bittet.

Vincent pokert damit hoch und hofft auf eine Reaktion. Das ist gefährlich. Der Verkäufer gibt damit das Zepter der Verhandlungsführung in die Hand des Einkäufers.

„Aber Urs, ich habe da noch eine Frage!

Vincent könnte sich doch auch wieder hinsetzen, wenn Roland ihn nicht zurück an den Tisch bittet.“

Urs Altmannsberger antwortet: „Ja, das wäre eine Notlösung. Es ist aber sehr devot und mit einem Gesichtsverlust verbunden. Als Verkäufer/-in würdest Du damit ja Deinen Bluff zugeben. Das wäre mir peinlich.

Mit dem Mauertest schließt Du genau diesen peinlichen Moment aus.“

Besser ist es, wenn Vincent den Altmannsberger Mauertest (MT) benutzt. Anstatt angreifbar zu werden, stellt er eine kluge Frage.

Der Mauertest hat folgende Vorteile:

- Er ist zu 100 % vorbereitbar. Das macht es bequem für Dich!
- Du behältst im hitzigsten Moment der Preisverhandlung einen kühlen Kopf.
- Du stellst eine Frage, anstatt eine Position zu beziehen. Damit bist Du weder angreifbar noch verletzlich. Du hast ja „nur einmal gefragt".
- Egal wie Dein Gegenüber reagiert, Du hast damit schon die Fortsetzung des Gesprächs in Deine Bahn gelenkt.

Den Mauertest haben Tim und ich inzwischen weltweit im Einsatz. Egal, ob Du mit Europäern, Asiaten, Amerikanern oder sonst wem verhandelst: Der Mauertest funktioniert!

Der Mauertest besteht aus vier einfach zu erlernenden Bausteinen:

1) Du wiederholst die Aussage der Gegenseite, um klar zu machen, welche Mauer Du testest.

2) Du sagst, dass Du das kaufmännisch nicht abbilden kannst.

3) Du nutzt eine visuelle und eine verbale Verstärkung. Das kann ein angedeuteter Karate-Schlag und eine stimmliche Unterstreichung sein.

4) Du schiebst Deinem Gegenüber die Verantwortung für ein Scheitern zu und fragst, ob sie oder er als Individuum den Auftrag am Preis scheitern lässt.

Zum reinen Text der Bausteine kommt die Betonung. Mit einer ungeeigneten Betonung verliert der Mauertest an Wirkung. Deine Gegenseite soll durch den Mauertest erschreckt werden. Zumindest wird es bei der Gegenseite dann als Schock herüber kommen, wenn diese blufft. Ich habe für Dich ein Video vorbereitet, in dem Du siehst, wie der Mauertest optimal betont wird.

> Wenn Du Dir das Video zum Mauertest ansiehst, lernst Du neben dem reinen Text auch die optimale Betonung. Mit der richtigen Betonung steigerst Du die Wirkung des Mauertests.
>
> Fordere Dein Beispiel-Video per E-Mail an! Sende dazu eine Nachricht mit dem Betreff „Mauertest-Video“ an autor@profitabler-verkauf.de.

Baustein 1: Wiederhole die Aussage der Gegenseite, um klarzustellen, was Du testest.

Schauen wir uns die Bausteine des Mauertests näher an. Für den ersten Baustein ist entscheidend zu verstehen, was die Einkäuferin oder der Einkäufer eigentlich verlangt. Oft ist es klar zu identifizieren, manchmal brauchst Du aber einen schärferen Blick.

- Einkauf: „Sie müssen weitere 5 % im Preis heruntergehen!"

Das ist einfach. Du fütterst den ersten Baustein mit der Forderung. Das schaut dann so aus: **„5 % zusätzlicher Nachlass ..."**

- Einkauf: „Sie müssen im zweistelligen Prozentbereich heruntergehen!"

Die Einkäuferin will einen Schritt im zweistelligen Prozentbereich? Dann sind die ersten zwei Bausteine: „Einen zweistelligen Prozentnachlass ..."

- Einkauf: „Sie müssen deutlich herunter!"

- Jetzt wird es schon schwieriger, zumindest schwerer zu erkennen, weil jetzt keine Prozentzahl genannt wird. Du nimmst aber ebenso die Aussage: "Deutlich herunter ..."

Du spiegelst dem Einkäufer oder der Einkäuferin schlicht deren Worte. Auf keinen Fall setzt Du eine eigene Aussage ein.

Vermeide es, eine eigene Aussage in den Raum zu stellen. Wenn Du zum Beispiel sagst: „5000 Euro ist der beste Preis, den ich bieten kann!", wirst Du angreifbar! Jetzt könnte Dein Gegenüber (wenn derjenige auf meinem Training für Einkäufer war) seinerseits mit einem Mauertest oder Mauerbrecher kontern.

Verdeutliche Dir: Beide Parteien in der Preisverhandlung tricksen und täuschen. Der Einkauf übertreibt seine Forderungen, und Du übertreibst im Verkaufspreis. Egal wer eine absolute Zahl als Forderung in den Raum stellt, begibt sich in die Gefahr, als Lügner ertappt zu werden. Mit dem Mauertest greifst Du die Forderung des Einkäufers an und sagst, dass 5 % kaufmännisch nicht abbildbar sind. Damit triffst Du die Zustimmung des Einkäufers. Innerlich sagt der sich auch: „Klar sind 5 % nicht möglich, sonst hätte ich ja 7 % gefordert."

Nehmen wir an, der Einkauf übertreibt mit einer Preisforderung:

Beispiel: Scheitert es an einem Cent?

Verkäufer Vincent ist mit Einkaufsleiter Roland seit 20 Minuten im Gespräch. Wir steigen wieder in der Phase ein, in der beide Seiten mauern.

Roland: „Du liegst mit Deinem Preis 5 % über dem Wettbewerb!"

Vincent: „Ich kann Dir leider nur auf 4,9 % entgegenkommen. Schade. Willst Du es jetzt daran scheitern lassen?"

Roland: „Na ja, wegen 0,1 % lasse ich es jetzt nicht scheitern!", und fügt innerlich hinzu: „4 % Nachlass hätten auch gereicht."

Klar, Roland als Einkaufsleiter fordert natürlich nicht die wahren 4 % Preisdelta, sondern behauptet 5 %. Daher reagiert er „weich", als der Mauertest kommt. Der Verkäufer Vincent verschenkt aber wieder unnötig Marge. Das gilt es zu verhindern!

Dass Du noch Luft in Deiner Kalkulation hast, weißt Du. Das musst Du nicht erst testen. Ob die Einkäuferin oder der Einkäufer immer noch blufft oder schon an der Grenze zur Wahrheit angekommen ist, willst Du in Erfahrung bringen. Folglich musst Du Ihre Aussage testen!

Bevor Du einen weiteren Nachlass aussprichst, testest Du die Mauer und analysierst die Reaktion!

Baustein 2: Du sagst, dass die Forderung nicht erfüllbar ist.

Wie wir eben geklärt haben, übertreibt die Einkäuferin oder der Einkäufer in der Regel mit den Forderungen. Den Wahrheitsgehalt wollen wir testen.

Je nach Kundensituation kannst Du verschiedene Formulierungen nutzen. Zwecks der besseren Übersicht nutze ich hier im Buch die Formulierung mit der breitesten Anwendungsmöglichkeit. Viele weitere Formulierungsbeispiele findest Du im Booklet, das sich mit Alternativen dazu beschäftigt. Mit der Formulierung: „... ist kaufmännisch nicht abbildbar!" lässt Du Dir das Tor offen, doch noch einen Nachlass zu geben, da wir noch nicht die Reaktion des Einkaufes kennen. Sie oder er könnte ja die Wahrheit gesagt haben. Für diesen Fall berücksichtigen wir schon jetzt beide Möglichkeiten.

Baustein 1 wird mit Baustein 2 ergänzt. Das sieht final so aus: „5 % zusätzlicher Nachlass **ist kaufmännisch nicht abbildbar!"**

Baustein 3: Nutze visuelle und verbale Verstärkung

Hierbei kommt es stark auf das Setting der Verhandlung an. Sitzt Du der Verhandlerin oder dem Verhandler gegenüber, kannst Du alle kommunikativen Kanäle nutzen. Verhandelt Ihr dagegen per E-Mail, bleiben nur wohlgesetzte Worte. Je eingeschränkter die Kanäle sind, die Du nutzen kannst, umso schwächer und anfälliger ist die Kommunikation. Daher empfehle ich, wichtige Verhandlungen möglichst immer von Angesicht zu Angesicht zu führen.

Für die Verstärkung im Falle des Mauertests ist es entscheidend, welche Kommunikationswege Dir zur Verfügung stehen.

Setting der Verhandlung	Verstärkungsmöglichkeiten
Persönliches Treffen vor Ort	Wortwahl, Stimmlage, Sprechgeschwindigkeit, Körpersprache, Mimik
Videokonferenz	Wortwahl, Stimmlage, Sprechgeschwindigkeit, Körpersprache (begrenzt auf den Ausschnitt der Videoübertragung), Mimik (begrenzt durch Bildrate und Auflösung)
Telefonat	Wortwahl, Stimmlage, Sprechgeschwindigkeit
Schriftlich per Mail oder Brief	Wortwahl

Tabelle 14: Zur Verfügung stehende Kommunikationskanäle

Gehen wir vom Idealfall aus. Du sitzt der Verhandlungspartnerin oder dem Verhandlungspartner an einem Tisch gegenüber. In einem großen Besprechungsraum stehen die Tische womöglich in Form eines großen U. Dann siehst Du sogar die Beine und Füße, was bei der Auswertung des Mauertests von Vorteil sein wird.

Jetzt aber denken wir über die Verstärkung Deiner Kommunikation nach. Stelle Dir dazu ein streitendes Paar vor oder eine streitsüchtige Bande, die auf eine verfeindete Gang trifft. Dort erkennst Du leicht, welche Möglichkeiten der Verstärkung existieren.

- Es wird mit ausgestreckten Armen und Händen gefuchtelt,
- die Arme werden vor der Brust verschränkt,
- der Oberköper geht angriffslustig nach vorne,
- die Augen werden zugekniffen,
- der Kopf wird herausfordernd ruckartig nach oben gehoben.

Nimm eine oder zwei dieser Ausdrucksformen, und passe sie auf Dich und Deinen Habitus in Verhandlungen an. Achte auch darauf, dass die Gesten dem Zweck angemessen sind und seriös wirken. Wir wollen ja nicht wie Streithähne aufeinander einhacken, sondern lediglich mit allen zur Verfügung stehenden Kommunikationskanälen die Glaubwürdigkeit unseres Mauertests unterstützen. Eine griffige Geste kann daher nach einer sachlich geführten Verhandlung wie ein Paukenschlag oder ein Weckruf wirken. Wenn jetzt keine Lösung gefunden wird, ist es vorbei!

Baustein 4: Schiebe der Gegenseite die Verantwortung für ein Scheitern zu

Du willst die Einkäuferin oder den Einkäufer für einen kurzen Moment auf die Probe stellen. Wie ein Blitzlicht, das den Raum kurz gleißend erhellt, stellst Du das Scheitern der Verhandlung als mögliche Konsequenz in den Raum. Die Schuld für das Scheitern schiebst Du der Gegenseite in die Tasche. Überraschend, für einen Bruchteil eines Moments und bewusst schockierend! Aber als Frage, nicht als Aussage!

Für die bluffende Verhandlerin oder den bluffenden Verhandler fühlt es sich wie ein Schock an! Sie oder er wird später als Schuldige und Schuldiger angeprangert und muss sich womöglich im Unternehmen rechtfertigen.

Für Verhandler/-innen, die ein besseres Angebot von Deinem Wettbewerber vorliegen haben, ist es hingegen kein Schock. Das macht den großen Unterschied in der Reaktion aus, den Du leicht ablesen kannst.

Eine Formulierung, die generell hervorragend passt, ist:

„Wollen SIE es jetzt daran scheitern lassen?"

Gleichzeitig zum stark betonten „Sie" erfolgt Deine nonverbale Verstärkung aus Baustein 3. Siehe Dir dazu auch das Video an, was ich Dir gerne per E-Mail sende.

Werte die Reaktion der Einkäuferin oder des Einkäufers aus.

Nachdem Du den Mauertest ausgesprochen hast, beobachtest Du die Reaktion. Eben noch warst Du in Aktion, jetzt hast Du alles auf den Weg gebracht und darfst vorerst beobachten und genau zuhören.

- Ist die Einkäuferin oder der Einkäufer sichtlich entspannt oder bricht innerlich die Panik aus?

Bei der Reaktion kommt es gar nicht so stark auf das Gesagte an. Es ist nicht das Wort, was zählt. Dein Detektivsinn sollte vielmehr darauf achten, ob das Gesamtbild stimmig ist.

In den Preisverhandlungstrainings lasse ich die Teilnehmerinnen und Teilnehmer erst mal ganz ohne Vorrede die Reaktion analysieren. Dabei stelle ich fest:

- Zu einem Drittel werden die Merkmale zur Unterscheidung von Bluff und Wahrheit direkt erkannt.

- Ein weiteres Drittel wird erkannt, wenn ich direkt danach frage. Zum Beispiel: „Was liest Du aus der Schulterbewegung?"

- Das letzte Drittel dagegen ist schwer zu analysieren.

Die gute Nachricht: Zwei Drittel reichen meistens völlig aus!

Präge Dir die Tabelle ein, um möglichst viele Beobachtungen nach dem Mauertest bewusst auszuwerten. Es ist Übungssache! Genau wie Radfahren oder Autofahren wird es Dir zuerst noch schwerfallen, alles gleichzeitig zu sehen, auszuwerten und dann den nächsten Schritt zu wählen. Übung macht auch hier die Meisterin und den Meister.

Ein Indiz alleine ist zu wenig für eine sichere Analyse. Erkennst Du hingegen vier Indizien, die zudem zum gleichen Ergebnis führen, kannst Du sicher Deine Entscheidung „Bluff oder Nachlass" treffen.

Indizien für Bluff	Indizien für Wahrheit
Rutscht auf dem Stuhl hin und her.	Bleibt unverändert ruhig.
Haut färbt sich rot oder wird blass.	Hautfarbe bleibt unverändert.
Sprechgeschwindigkeit steigt.	Gleiche Sprechgeschwindigkeit
Fahrige Handbewegungen	Unbeeindruckte Dann-halt-nicht-Handbewegung
Eben noch zurückgelehnt, jetzt vorne am Tisch	Arme verschränken sich abweisend.
Gespräch wird vehement fortgeführt.	Gespräch flacht ab.
Einkäufer/-in wirbt für einen besseren Preis.	Einkäufer/-in notiert das Endergebnis.
Einkäufer/-in führt neue Argumente an, warum der Preis gesenkt werden sollte.	Einkäufer/-in schließt das Heft und trinkt die Tasse Kaffee aus.

Indizien für Bluff	Indizien für Wahrheit
Körpersprache ist nicht kongruent zu Worten.	Einheitliches Bild: Alle Signale sagen dasselbe.
Die Person muss nachdenken und antwortet daher nicht sofort.	Die Antwort kommt prompt, da keine weiteren Überlegungen notwendig sind.
Die Augen der Person wandern aus dem direkten Blickkontakt.	Die Person behält Augenkontakt.

Tabelle 15: Indizien für Bluff und Wahrheit

Greifen wir die Körpersprache heraus: Ist diese nicht kongruent zu den getroffenen Aussagen, ist das ein wertvoller Hinweis auf einen Bluff. Sagt die Einkäuferin: „Ja, daran lasse ich es scheitern!“, schüttelt dabei aber den Kopf und richtet sich auf, dann passt das nicht zueinander. Der Kopf sagt „Nein“ durch Schütteln (so zumindest in den meisten Kulturen der Welt). Die Person geht in Hab-Acht-Stellung, richtet sich auf, statt „ist-mir-doch-egal-dann-kaufe-ich-halt-beim-anderen-Lieferanten“ auszudrücken.

Das deutet darauf hin, dass derjenige oder diejenige blufft. Zwar sagen die Einkäuferin und der Einkäufer, dass es am Preis scheitern würde, der Körper jedoch signalisiert: „Ich stehe unter Druck!“ Auch wenn Du beobachtest, dass die Person nachdenkt: „Wie reagiere ich denn jetzt am besten?“ ist das ein Signal für Bluff. Denn demjenigen, der die Wahrheit sagt, stellt sich gar nicht die Frage nach der Reaktion! Ein klares „Ja“ und fertig. Und genau auf diese Unterschiede legst Du Dein Augenmerk.

Die Auswertung des Mauertests

Drei prinzipielle Reaktionen „ja/nein/unsicher" können also auf meinen Mauertest hin folgen. Drei ist eine überschaubare Anzahl. Das hilft Dir, in dieser heißen Phase einen kühlen Kopf zu bewahren, denn den brauchst Du für die Beobachtung.

Ideal ist es, wenn Du den Mauertest immer wieder übst. Besser in einem kleinen Team als nur allein für Dich. Eine Person mimt die Einkäuferin oder den Einkäufer, der sich immer wieder ein anderes Setting im Kopf zurechtlegt. Das eine Mal sagt sie/er die Wahrheit und hat tatsächlich ein besseres Angebot in der Hinterhand. Das andere Mal blufft sie/er und tut nur so, hat aber den Druck im Nacken und muss mit Dir abschließen.

Insgesamt ist das eine Übung, die in den Verkaufstrainings viel Einblick eröffnet. Als Übung und als Erkenntnis. Schlüpfe einmal in die Rolle des Einkäufers und siehe, wie es Dir geht, wenn der Mauertest auf Dich niederprasselt und Du gezwungen bist, einen Weg zum Abschluss zu finden.

Übungsablauf:

Dein Gegenüber spielt Einkauf. Sie oder er lebt sich unausgesprochen in die Situation ein. Muss sie oder er kaufen oder nicht? Gibt es bessere Angebote oder nicht? Kommen andere Lieferanten in Frage, oder liegt Singlesource vor?

Dann feuerst Du den vorbereiteten Mauertest auf Deine

Kollegin oder Deinen Kollegen ab. Die oder der reagiert dann schauspielerisch darauf. Je nachdem, wie gut sie oder er sich in die Rolle eingefühlt hat, desto deutlich wird dann das Übungsergebnis sein.

Du übst, direkt danach vollkommen auf Beobachtung umzuschalten. Erst mal ist nichts anderes notwendig. Betrachte den Körper, höre die Worte, beobachte die Finger, die Schultern, die Hautfarbe.

Dann schaltest Du von der Beobachtungsmaschine wieder auf die Denk- und Reaktionsmaschine um.

Wie war die Reaktion der Einkäuferin bzw. des Einkaufers? Ist es Wahrheit, Lüge oder Bluff? Und welche der Reaktionen Deinerseits sind nun angebracht?

Die drei Reaktionen

A) Die Einkäuferin oder der Einkäufer sagt die Wahrheit, und der Preis ist tatsächlich entscheidend.

„**Ja**, daran scheitert es!"

B) Die Einkäuferin oder der Einkäufer gibt offen zu, dass es nicht am Preis scheitert. Meist wechselt dann auch die Modulation der Stimme und die Körpersprache. Die Person wird weich und windet sich ein wenig, weil sie ertappt wurde.

„**Nein**, daran scheitert es natürlich nicht!"

C) Die Einkäuferin oder der Einkäufer sagt zwar, dass es scheitert, Du bemerkst aber den Bluff.

Unsicher: „**Äh** ja, daran scheitert es – glaube ich."

Da wir wissen, dass es diese drei Reaktionen gibt, können wir uns darauf einstellen und unseren nächsten Schritt zurechtlegen.

Diese drei vorbereiteten Reaktionsmuster geben Dir die Gelassenheit und die Selbstsicherheit, das Gespräch souverän fortzuführen. Den Mauertest anzuwenden und nicht zu wissen, wie wir anschließend die Verhandlung fortsetzen, falls der Einkäufer „Ja, scheitert!" sagt, ist nicht gut! Ich bin mir sicher, dass wir dann in Panik ausbrechen, einen hochroten Kopf bekommen und uns fragen: „Was mache ich denn jetzt? Hilfe!"

Also gilt: Vorbereitet sein und cool bleiben!

Präge Dir die Reaktionen aus dem folgenden Kapitel ein. Lerne sie auswendig. Du kannst aus jeder der Formulierungen wieder Deinen authentischen Satz entwickeln, solange Du nicht zu weit davon abweichst, dass der Effekt verloren geht.

Fazit:

- Bluffen ist gefährlich, und es droht Gesichtsverlust.

- Als Verkäuferin und Verkäufer nutzt Du den wahrheitsfindenden Teil des Mauerbrechers als Mauertest. Du willst erfahren, ob die Mauer „Immer noch zu teuer!" real oder nur eine eindrucksvolle Kulisse ist.

- Der einfach vorbereitbare Mauertest hilft Dir, in der Verhandlung einen kühlen Kopf zu bewahren, macht Dich weniger angreifbar und zeigt Dir kristallklar, ob ein Zugeständnis notwendig ist.

- Der Mauertest besteht aus vier einfachen Bausteinen:

  1. Du wiederholst die Aussage der Gegenseite, um klarzumachen, welche Mauer Du testest.

  2. Du sagst, dass Du das kaufmännisch nicht abbilden kannst.

  3. Du nutzt eine visuelle und eine verbale Verstärkung. Das kann ein angedeuteter Karate-Schlag und eine stimmliche Unterstreichung sein.

  4. Du schiebst Deinem Gegenüber die Verantwortung für ein Scheitern zu und fragst, ob sie oder er als Individuum den Auftrag am Preis scheitern lässt.

- Es gilt: Sei stets vorbereitet, und bleibe in der heißen Situation cool!

Reaktion, Preisverhandlung und Deine Entscheidung

Was Du in diesem Kapitel lernst:

- Wie Du die Verhandlung nach dem Mauertest fortsetzt.
- Dass der Einkauf nach dem positiven Mauertest den nächsten Preis nennen muss, um die tödliche Abwärtsspirale zu verhindern.
- Wie Marge, Gewinn und notwendiges Neugeschäft in Relation zueinander stehen.
- Dass 1 % Nachlass sich nicht auf 100 % des Umsatzes, sondern nur auf die wenigen Prozent des kalkulierten Gewinnes beziehen.
- Dass bei 4 % kalkuliertem Gewinn und „nur" 2 % Nachlass die Hälfte Deines Verdienstes wegfällt.
- Dass Du um jedes Zehntelprozent hart kämpfen solltest.
- Wie wichtig es ist, Deinen authentischen Stil zu entwickeln.

So setzt Du die Verhandlung fort:

Im vorherigen Kapitel hast Du den Mauertest genutzt, um eine Reaktion der Einkäuferin oder des Einkäufers zu provozieren. Du hast das Zepter des Handelns nach wie vor in der Hand. Du hast entschieden, den Mauertest anzubringen, der Einkauf hat darauf nur reagiert.

Dann hast Du beobachtet und wiederum entschieden, welche Situation vorliegt.

- Ist der Preis das entscheidende Element? Dann folgst Du nun der Anleitung für Reaktion A.

- Hat der Einkauf gezeigt, dass der Preis zwar wichtig zu diskutieren ist, aber eben nicht entscheidend für die Lieferantenwahl? Dann nutzt Du die Anleitung zu Reaktion B.

- Und dann bleibt noch die etwas schwierigere Reaktion C, bei der der Einkauf weiterhin blufft und behauptet, der Preis sei entscheidend. Dabei hat Deine Analyse ergeben: Es ist nur eine Behauptung. In dem Fall folgst Du der Anleitung C.

Reaktion A: „Ja, daran scheitert es!“

Jetzt ist klar: Entweder Du gehst im Preis herunter, oder Du verlierst den Auftrag. Du hast jetzt qualitativ hochwertig herausgearbeitet, dass die „Zu-teuer!"-Aussage keine Behauptung ist, sondern die Wahrheit.

Du kannst nun entscheiden,

- ob Du den Auftrag sausen lässt („Unter dem Preis verkaufe ich nicht, weil ich genügend vollwertige Aufträge habe!")
- oder ob Du den Auftrag auch zu einem niedrigeren Preis für Dich sichern möchtest.

Letzteres begegnet mir in der Praxis häufiger. Priorität 1 ist zum vollen Preis verkaufen. Priorität 2 ist verkaufen, egal wie.

Einfach den Preis senken geht, ist aber nicht optimal. Wir haben schon über das Problem gesprochen. Jeder Nachlass zieht eine weitere Nachlassforderung nach sich. Du stürzt in die unaufhörliche Preis-Abwärtsspirale, das Fass ohne Boden! Versuche also, die Einkäuferin oder den Einkäufer dazu zu bringen, den nächsten Wert zu nennen. Damit ziehst Du einen Boden in das Fass ein. Problem gelöst. Es ist nicht einfach. Der Aufwand lohnt sich aber!

So gehst Du vor:

1) Ziel ist es, der Einkäuferin oder dem Einkäufer einen

Boden-ins-Fass-ohne-Boden-einziehen-Wert zu entlocken. Dafür signalisierst Du mit Mimik, Gestik und Sprache, dass Du die klare Ansage: „Ja, es würde scheitern!" verstanden hast. Ebenso täuschst Du vor, schwer getroffen zu sein und als wärest Du händeringend auf Lösungssuche. Du findest aber keine Lösung, weil Deine Kalkulation ausgereizt ist.

2) Du bestärkst, dass Deine Aussage wahr ist. Daher habe ich Dir den Begriff „kaufmännisch nicht abbildbar" empfohlen. Der lässt Dir jetzt den notwendigen Handlungsspielraum.

Verkauf: „Puh" {Pause} „Weiter herunter kann ich tatsächlich nicht. 6324 Euro sind das, was ich unter kaufmännischen Gesichtspunkten anbieten kann."

3) Jetzt betonst Du, wie wichtig der Kunde aber ist und dass Du ihn behalten bzw. gewinnen möchtest, auch wenn es kurzfristig ein wirtschaftliches Minusgeschäft ist. Das ist gleichzeitig Dein Alibi, warum Du doch noch einen Nachlass geben wirst. Allerdings erst, nachdem Du die obere Preisgrenze der Einkäuferin oder des Einkäufers kennst, zu der Du gerade noch abschließen kannst.

Verkauf: „Aber ich möchte Sie endlich als Kunde von unserem Produkt überzeugen. Und das geht nur, wenn Sie es auch einmal im Einsatz haben."

4) Statt nun im Preis herunterzugehen, verlangst Du, dass der Einkauf seinerseits sagt, zu welchem Preis er kaufen wird. Deine Kalkulation ist ausgereizt, womit Du keinen weiteren Preispunkt mehr errechnen kannst. Also ist jetzt der Einkauf dran, einen Wert zu nennen.

Verkauf: „Deshalb sagen Sie mir, bis zu welchem Preis Sie bereit sind zu kaufen. Dann werde ich alles daransetzen, das irgendwie hinzubekommen. Wo muss ich (mit dem Preis) hin?"

In der Folge wird Dir der Einkauf einen viel zu niedrigen Preis nennen oder sogar null Euro scherzen. Nimm diesen Preis und beginne ihn hochzuverhandeln.

Nutze lieber den Betrag als den Prozentsatz. Bei 5 % frisst sich der „Mittelweg" von 2,5 % zu schnell fest. Bei Euros oder anderen Währungen ist das weniger ausgeprägt.

Wenn wir davon ausgehen, dass der Einkäufer 5000 Euro genannt hatte und nun auf 5500 erhöht, könnte Deine Formulierung so lauten:

Verkauf: „5500? Puh!" {Pause} „Das ist ja schon einmal ein Schritt. Aber soooo weit runter ..."

Gleichzeitige nonverbale Reaktion: Puh oder stöhn, Satz unvollständig lassen, damit Du nicht unterbrochen wirst und in die folgende Frage übergehst.

Verkauf: „... wie weit können Sie davon noch nach oben abweichen, ohne dass es Klatsch macht?"

Jetzt setzt Du alles daran, den Preis in die Höhe zu treiben. Immer näher an das, was Dein ehemaliger situationsorientierter Preis „SP" war. Als Verkäufer weißt Du genau, wie die Einkäuferinnen und Einkäufer in Deiner Branche herunterfeilschen. Nimm schlicht deren Phrasen und drehe sie herum. Statt runter geht es jetzt rauf!

Diese Phase ist maximal erfolgreich für Dein Unternehmen und Dein Ergebnis. Denn jedes hochverhandelte Prozent ist bares Geld, das in Eurer Kasse klingelt.

Wie Marge, Gewinn und notwendiges Neugeschäft in Relation stehen:

Den Verkaufspreis, den Du erzielst, benötigt Dein Unternehmen zuallererst zur Deckung der Herstellungskosten. Was dann noch übrig bleibt, ist Deine Marge. Wenn ein Produkt bei der Herstellung also 97 Euro Kosten erzeugt und Du es für 100 Euro verkaufst, bleiben 3 Euro als Marge (oder auch Gewinn, wenn keine weiteren Allgemeinkosten, wie Verwaltung, mehr davon abgezogen werden). Wenn Du statt 3 % plötzlich 4 % mehr Marge machst, sind das 25 % mehr Marge! Und da die Kosten unverändert bleiben, sind es mindestens 25 % mehr Gewinn!

„1 % Nachlass? Treffen wir uns doch in der Mitte!“

Noch ein ergänzender Tipp zum „Mittelweg“: Gib nicht einmal im Nachkommabereich zu leicht nach! Schnell sind 0,5 % Nachlass über den Tisch gereicht. Aber jedes Zehntelprozent zählt! Wenn Du beispielsweise statt 3 % mit 3,5 % Marge in den Deal einsteigen kannst, hast Du rund 16 % mehr Gewinn gemacht! Möchtest Du die 16 % mehr Gewinn statt durch Hochverhandeln durch Mehrumsatz kompensieren, brauchst Du 16 % neue Kunden. Und wir reden jetzt gerade einmal von 0,5 % Nachlass! Ein Prozent bedeutet in der Situation 33% Neukunden. Ein Drittel mehr Kunden, einfach so. Das wird schwer! 1% weniger Nachlass dagegen? Das geht leicht!

Reaktion B: „Nein, es scheitert nicht daran!“

Aha, eben hat der Einkauf noch geblufft, jetzt zieht er den Vorhang auf und dahinter steht Dein Auftrag. Du kannst den Auftrag zum vollen SP erhalten.
Sensibles Thema dabei: Die Einkäuferin oder der Einkäufer muss mit Gesichtsverlust rechnen. Deren Bluff ist aufgeflogen. Die Person hat das Gefühl, sich Dir zu unterwerfen, verloren zu haben. Mache es der Person in dieser Situation angenehm und leicht. Spare Dir Deine Triumpf-Feier auf, bis Du außer Sicht- und Hörweite bist. Nicht einmal ein süffisantes Lächeln soll die Beziehung belasten.

Zeige stattdessen Dankbarkeit und Freude darüber, dass Ihr einen Weg gefunden habt. Freude verbindet und schafft eine abschlussreife Stimmung.

Verkauf: „5000 Euro sind kaufmännisch nicht abbildbar, wollen Sie es jetzt daran scheitern lassen?“

Einkauf: „Nein, scheitern wird es daran nicht. Aber ich dachte schon, dass eigentlich noch was gehen müsste.“

Der Verkauf sagt indirekt und höflich: Unter den gegebenen Voraussetzungen bleibt es beim genannten Preis!

Verkauf: „Ich würde Ihnen gerne entgegenkommen, aber dann müssten wir die Menge deutlich erhöhen.“

Der Verkauf bestärkt noch einmal, dass der Einkauf seinen Job erledigt hat.

Verkauf: „Auf Basis der jetzigen Menge ist 6324 Euro der bestmögliche Preis."

Der Verkauf lenkt zum Abschluss, indem er eine Brücke für den Einkauf baut.

Verkauf: „Lassen Sie uns bitte so abschließen, dann kann ich Ihnen auch den geforderten Liefertermin ermöglichen."

Einkauf: „Na gut, einverstanden."

Reaktion C: „Äh ja, daran scheitert es – glaube ich."

Der Einkäufer oder die Einkäuferin behauptet, dass es scheitert, wenn Du nicht auf den geforderten Preis heruntergehst. Mit Deiner Menschenkenntnis erkennst Du aber, wie unsicher die Person dabei wirkt.

Wenn Du mehrere Signale empfängst, die alle auf einen Bluff hindeuten, gehst Du folgendermaßen vor:

- Bluff bedeutet, der Auftrag scheitert nicht am Preis. Folglich wirst Du Deinen Preis nicht verändern.
- Die Einkäuferin oder der Einkäufer hat sich aber in eine Sackgasse hineinmanövriert, aus der Du ihr oder ihm heraushelfen musst.

Welche Phrasen eignen sich, um Deinem Abschluss näherzukommen? Grundsätzlich haben Argumente nicht die Kraft, Preisverhandlungen zu beeinflussen. An dieser Stelle haben sie aber eine heilsame Wirkung. Du hältst der Person gegenüber im übertragenen Sinne ein rettendes Seil hin. Die Einkäuferin oder der Einkäufer ist gerade damit beschäftigt, einen Ausweg aus der Situation zu finden. Sie oder er überlegt händeringend: „Wie schaffe ich es, ohne Gesichtsverlust aus dieser Sackgasse herauszukommen?"

Zur Erinnerung, in diesem Fall kommen mehrere Fakten und Denkmuster zusammen:

1. Du bist der ausgewählte Lieferant! Das ergibt sich aus dem bisherigen Verhandlungsablauf. Sonst hätte die Person Dir gegenüber nicht bluffen müssen. Sie hätte die Verhandlung bereits platzen lassen können.

2. Vermutlich gerät die Person in Schwierigkeiten, wenn sie Dein Gut nicht rechtzeitig beim Bedarfsträger bereitstellt. Das wiegt schwer und kann weitere Komplikationen nach sich ziehen. Etwa wenn dadurch die Produktion angehalten werden muss.

3. Der Person wird gerade klar, dass das Schauspiel „zu teuer" unglaubwürdig ist, wenn sie nun doch zu dem angeblich zu teuren Preis kauft. Daher der Weg des Bluffens. Gleichzeitig aber auch die Erkenntnis, dass sie so nicht zum gewünschten Ergebnis (Gut wird geliefert) kommt.

4. Vermutlich fragt sich die Person darüber hinaus, warum sie sich eigentlich anstrengt, den Preis zu senken, wenn der Bedarfsträger/die Bedarfsträgerin den Artikel unbedingt haben will und es nicht um das Privatvermögen des Einkaufes geht?

In diesem Moment nutzt Du Argumente in Bezug auf Dein Gut, den Liefertermin, Deine Firma, der Vorteile drumherum (Lieferweg, räumliche Nähe etc.).

Tue so, als ob Du den Einkäufer mit aller Kraft überzeugen willst, aber am Preis tatsächlich nichts mehr zu drehen ist.

Verkäuferin: „Ich bitte Sie, lassen Sie uns auf dem jetzigen Preis abschließen. Sie bekommen dafür ja auch das Gut XY in der besten Variante. Ich bin mir sicher, dass wir in einigen Monaten feststellen werden, wie viel Kosten Sie dadurch einsparen konnten. Ja, der Preis scheint jetzt zu teuer, langfristig wird sich das aber mehr als nur kompensieren!"

Wenn das aus irgendeinem Grund nicht in Frage kommt, kannst Du auch noch einmal vorschlagen, über die Preisbeeinflusser zu sprechen. Also über alle Faktoren, die rechtfertigen, dass Du einen anderen Preis (keinen Nachlass, sondern ein Preis für eine neue Situation!) nennst.

Verkäuferin: „Bei der jetzigen Menge kann ich nichts machen. Lassen Sie uns noch einmal in die Basiskalkulation schauen. Wie weit in die Zukunft können Sie eine realistische Abschätzung der Menge machen? Wenn ich in einem Rutsch eine höhere Menge produziere, kann ich ganz anders kalkulieren."

Du wirst schnell Deine Erfahrung sammeln! Hast Du aufgrund der Analyse die richtige Entscheidung getroffen, und die Einkäuferin oder der Einkäufer blufft am Mauertest, wird sich die Verhandlung in Richtung des Abschlusses drehen und darauf zu bewegen. Dein Gegenüber wird empfänglich für Dein Argumentationsrettungsseil und greift danach.

Jetzt gilt es, schnörkellos zum Abschluss zu kommen. Keine Nebenschauplätze mehr öffnen.

Um der Peinlichkeit ein wenig besser aus dem Wege zu gehen, könnte die Einkäuferin oder der Einkäufer auf die Idee kommen, die Verhandlung noch mal zu vertagen. Sie oder er möchte damit die undurchsichtige Blackbox über die prekäre Situation stülpen und seinen schiefgelaufenen Verhandlungsbluff kaschieren.

Eine typische Phrase ist:

Einkäufer: „Ich überlege es mir und sage Ihnen bis übermorgen Bescheid!"

Dein Preis, Dein Angebot gilt hier und jetzt! Deal oder no Deal! Jetzt wird entschieden! Was soll die „Überlegung" noch verändern? Nichts! Immer vorausgesetzt, Du hast richtig analysiert. Bist Du Dir sicher, dass die Analyse stimmt, baust Du positiven Druck auf mit dem Ziel, hier und jetzt eine Entscheidung zu bekommen. Du betonst, dass Du das jetzige Angebot vielleicht schon in einer Minute nicht mehr bieten kannst, weil einer Deiner Kollegen/-innen auf dieselben Ressourcen zugreift. First come first serve. Wer zuerst kommt, bekommt die Ressource. Ich denke da an Teams von Softwareprogrammierern, an Trupps für Baustellen, an Produktionskapazitäten oder die Reihenfolge der eingehenden Aufträge im Zusammenhang mit Wunschlieferterminen. Wenn Du magst, kannst Du das auch schon betonen, wenn Du erstmals den situationsorientierten Preis nennst. Also in einer sehr frühen Phase.

Oder keimt bei Dir erneut Unsicherheit auf? Dann gehst Du noch mal mit Fragetechnik und Mauertest ran. Diesmal testest Du jedoch nicht den geforderten Preis, sondern die Situation. Versuche herauszufinden, was zwischen jetzt und übermorgen passiert. Was tut sich da? Werden doch weitere Lieferanten angehört? Kommen die infrage?

Letzten Endes deutet die Unsicherheit darauf hin, dass Du die Vorarbeit künftig noch besser durchführen kannst. Denn Zweifel sollten in der Situation nicht mehr bestehen.

Fange erst einmal klein an und entwickle Deinen authentischen Stil!

Wenn Du ab jetzt mit der neuen Methode arbeiten willst, gönne Dir eine Lernphase. Jeder Mensch braucht einige Zeit, um neu Erlerntes sicher umzusetzen. Überlaste also Deine nächste Verhandlung nicht, indem Du gleich alles mit einem Schlag umsetzt. Lege nicht 100 % Deiner Hirnleistung auf die Umsetzung des Neuen. Ansonsten gehst Du die Gefahr ein, die eigentliche Verhandlung aus den Augen zu verlieren. Ideal wäre es, wenn Du nach dem Studium des Buches das zugehörige Training besuchst. Dort biete ich Dir die Plattform für entspanntes Üben. Du setzt alle Bausteine Zug um Zug um. Ich leite Dich dabei zusätzlich an und korrigiere, wenn Übertragungsfehler passieren.

Ganz wichtig ist noch ein weiterer Punkt: Du lernst, meine Methoden zu Deinen ganz persönlichen Methoden weiterzuentwickeln. Du entwickelst Deinen individuellen und authentischen Stil, die Regeln in Deiner Praxis umzusetzen. Wie viele Verkäuferinnen und Verkäufer habe ich schon in meiner Zeit als Einkaufsleiter kennengelernt, die nach einem Training völlig aufgesetzt und unnatürlich wirkten. Mach Du es besser: entwickle Dich mit Hilfe meiner Methoden zum Margenprofi, bleibe dabei aber Du selbst.

Fazit:

- Nach dem Mauertest gibt es drei Wege, die zum gewonnenen Auftrag führen.
- Die Reaktion der Einkäuferin und des Einkäufers zeigt Dir, welcher Weg der richtige ist.
- Alle Wege sind schon vor der Verhandlung bekannt – Du kannst sie also zu 100 % vorbereiten.
- Der Gewinn ist das Lob für die Arbeit der Verkäufer/-innen.
- Zu leicht sind zwei Prozent Nachlass ausgesprochen, die einen angenommenen vierprozentigen Gewinn und damit den Gegenwert Deiner Leistung halbieren.

Ergebnis

Was Dir jetzt noch fehlt:

Als Verkäuferin oder als Verkäufer bist Du aufgerufen, das beste Ergebnis für Dein Unternehmen zu erreichen. Nach der Lektüre hast Du nun zahlreiche Methoden kennengelernt, nur dann Preiszugeständnisse zu gewähren, wenn sie notwendig sind, um den Auftrag zu gewinnen.

Jetzt fehlt Dir noch der Schritt vom KENNEN hin zum KÖNNEN. Im Idealfall gönnst Du Dir und Deiner Marge einige Tage für ein intensives Training gemeinsam mit dem Autor Urs Altmannsberger: Es gibt nichts Besseres, als mit dem Coach der Gegenseite und einem leibhaftigen Einkaufsexperten intensiv zu üben. Hole Dir Deine ganz individuellen Tipps ab, die Dir helfen, zukünftig Preisverhandlungen als wertvolles, aber entspanntes Spiel zu empfinden.

Du brauchst ganz schnell Hilfe für einen konkret anstehenden Fall? Dann melde Dich für die GRATIS-Hotline an, die in der Regel einmal wöchentlich stattfindet. Dort kannst Du die Situation der anstehenden Preisverhandlung schildern und erhältst direkt eine Einschätzung vom Autor, wie Du erfolgreich den Preis verhandeln kannst.

Die Termine erhältst Du, wenn Du Dich auf der Website www.altmannsberger-verhandlungstraining.de registriert hast. Hier ist wieder ein QR-Code, den Du bequem scannen kannst. Er führt Dich zur Auswahl Deiner Informationswünsche.

Schlusswort

So, wie wir mit Freundinnen und Freunden Monopoly spielen, sind auch Preisverhandlungen mit Einkäuferinnen und Einkäufern ein professionelles Spiel. Du kennst Dich nun mit den Regeln des Spiels aus und hast die Spielstrategien und -taktiken kennengelernt, die Dich zum größtmöglichen Erfolg führen. Jetzt liegt es an Dir, Deine Kenntnisse gewinnbringend anzuwenden.

In den ersten Monaten der Anwendung wirst Du noch innerliche Widerstände spüren. So ist zumindest die Erfahrung von vielen Teilnehmerinnen und Teilnehmern in meinen Vertriebstrainings. Meine Altmannsberger-Methoden stellen Deine bisherigen Verhandlungswege auf den Kopf. Wir erinnern uns nur daran, dass ab sofort das sogenannte Feilschen nicht mehr am Anfang, sondern am Ende und nur im Falle der „schlechten" Aufträge erfolgt. Wo also bisher schrittweise Zugeständnisse erfolgten, steht künftig das Dreigestirn der Detektivphasen.

Jetzt ist es so, dass unser Gehirn Widerstand ausübt, wenn wir bisherige Handlungsmuster durch andere ersetzen wollen. Probiere es einmal aus, mit der anderen Hand zu schreiben oder Deine Beine andersherum übereinander zu schlagen. Solange Du es bewusst ausprobierst, ist es zwar schwer, aber nicht unmöglich. Fällt jedoch die Komponente „bewusstes Tun" weg, wird Deine Steuerzentrale auf das bisherige Verhalten zurückschwenken.

Ich appelliere daher an Dich: Wenn Du die neuen Impulse aus diesem Buch umsetzen willst, musst Du so lange bewusst verhandeln, bis es Dir in Fleisch und Blut übergegangen ist.

Ich wünsche Dir allzeit top Preisverhandlungen.

Dein

Rückblick: Was erreichst Du mit den Altmannsberger-Methoden?

- Du hältst in jeder Phase der Preisverhandlung das Zepter in der Hand.
- Du startest mit einer Art Listenpreis in die breite Masse Deiner potentiellen Kunden.
- In einem Gespräch mit der Bedarfsträgerin/dem Bedarfsträger erfährst Du preisbeeinflussende Faktoren, wie Abnahmemenge und Vertragslaufzeit.
- Auf Basis dieser Faktoren kalkulierst Du den situationsorientierten Preis (SP).
- Dieser SP bleibt bis hinter den Mauertest unangetastet! Dazwischen ist die „Kein-Nachlass-Phase".
- In den drei Detektivphasen erkennst und eliminierst Du zuerst die unmöglichen Aufträge.
- Anschließend konzentrierst Du Dich auf die Notwendigkeit eines Nachlasses.
- Nur wenn die Notwendigkeit durch Indizien aus der Detektivphase und abschließend durch den Mauertest bewiesen ist, packst Du den SP wieder an.
- Abgesehen von diesen Regeln bietest Du keinen weiteren

Preisnachlass an, da Du sonst die Preis-Abwärtsspirale selbst in Gang setzt.

- Der Einkauf soll nach dem positiven Mauertest zuerst seinen Preis nennen, den Du dann hochverhandelst.

- Nutze besser einen Betrag anstatt eines Prozentsatzes.

- Kämpfe um jedes hochverhandelte Zehntelprozent, denn es ist bares Geld.

- Falls Dir noch das Vertrauen in die Altmannsberger-Methoden fehlt, fängst Du erst einmal mit kleinen Schritten an und entwickelst Deinen authentischen Verhandlungsstil!

Anhang

Abkürzungsverzeichnis

AA: Altmannsberger-Anker: Führe die Gegenseite zum für Dich idealen Ort in deren Entscheidungsmatrix. Dort ankerst Du das Ergebnis für Dich. „Unter welchen Umständen können Sie mit einer Preiserhöhung leben?" „Angenommen alle Umstände treten gleichzeitig ein, welcher Prozentsatz wäre dann maximal möglich?"

AU: Altmannsberger Um-Technik. „Um Ihnen einen Preis nennen zu können ..."

BATNA: Best Alternative To a Negotiated Agreement. Von Urs Altmannsberger frei übersetzt: Beste Alternative zum angestrebten Verhandlungsziel oder beste Alternative zu „No Agreement".

EK: Einkaufspreis

MT: Mauertest

SP: Situationsabhängiger Preis, der vom Listenpreis ausgehend über preisbeeinflussende Faktoren angepasst wird.

VK: Verkaufspreis

ZE: Zeitfresser eliminieren

ZOPA: Zone of possible Agreements. Der Bereich, in dem eine Einigung für beide Seiten akzeptabel ist.

Stichwortverzeichnis

E

F

G

H

K

L

Verzeichnis der verwendeten und weiterführenden Literatur

Urs Altmannsberger: Profitabler Einkauf: Wie Sie als Einkäufer garantiert das beste Angebot verhandeln. Gabal, Offenbach, 5. Auflage 2018

Altmannsberger, Urs: Profitable Purchasing: How to Negotiate the Best Offer as a Buyer. Guaranteed!. Edition Sales & Procurement, Norderstedt, 2020

Altmannsberger, Urs: Verhandeln mit Monopolisten: Bessere Ergebnisse erreichen – für Profi-Einkäufer in Unternehmen. Edition Sales & Procurement, Norderstedt, 2019

Birkenbihl, Vera F.: Psycho-Logisch richtig verhandeln: Professionelle Verhandlungstechniken mit Experimenten und Übungen. mvg, München, 2005

Buhr, Andreas: Business geht heute anders. Buhrs beste Business-Hacks. Gabal, Offenbach, 2021

Buhr, Andreas: Vertrieb geht heute anders. Das Ende des Verkaufens. Gabal, Offenbach, (überarb.) 9. Auflage 2020

Buhr, Andreas: Vertriebsführung. Aufbau, Führung und Entwicklung einer professionellen Vertriebsorganisation. Gabal, Offenbach, 2. Auflage 2017

Fisher, Roger / Ury, William / Patton, Bruce: Das Harvard-Konzept. Sachgerecht verhandeln – erfolgreich verhandeln. Campus Verlag, 21. Auflage 2000

Heinrich, Stephan: Content Marketing: So finden die besten Kunden zu Ihnen: Wie Sie Ihre Zielgruppe anziehen und stabile Geschäftsbeziehungen schaffen. SpringerGabler, Heidelberg, 2. überarb. Auflage 2020

Motte, Petra: Online moderieren & virtuell gestalten. Springer-Verlag. Heidelberg, 2021

Nasher, Jack: Deal! Du gibst mir, was ich will! Goldmann, München, 2015

Reynolds, Garr / Kawasaki, Guy, et. Al: Zen oder die Kunst der Präsentation: Mit einfachen Ideen gestalten und präsentieren. dpunkt.verlag, Heidelberg, 3. aktual. Auflage, 2020

Taxis, Tim: Heiß auf Kaltakquise. So vervielfachen Sie Ihre Erfolgsquote am Telefon. Haufe Verlag, Freiburg, 4. vollst. überarb. Auflage 2018

Taxis, Tim: Die perfekte Preisverhandlung: So machen Sie Schluss mit unnötigen Rabatten und setzen höhere Preise durch. Tim Taxis Trainings. Norderstedt, 2. Auflage 2019

Vogelhuber, O./ Scheelen, Frank M.: Was Menschen wirklich wollen. Menschenkenntnis auf einen Blick mit Profiling^3. Bildungsverlag by Scheelen, 2019

Abbildungs- und Tabellenverzeichnis

Danksagung

Mein Dank an Birgit Altmannsberger und Camilla Altvatter, die als Sparringspartnerinnen und im Lektorat zuverlässigst für akkurate Rechtschreibung und verständliche Formulierungen gesorgt haben.

Die text-ur text- und relations agentur Dr. Gierke hat sich wie bei all meinen Büchern wieder um Design, Layout und Satz sowie die Veröffentlichung gekümmert – danke!

Ein Dank gilt auch den unzähligen Teilnehmerinnen und Teilnehmern meiner Verhandlungstrainings, die sich an den Trainingsübungen „Abfüllmaschine, Öl und Farblaserdrucker" ausgetobt haben und damit über die Jahre meine Strategien zu „was ist der beste Weg durch die Preisverhandlung" immer weiter verfeinert und immer wieder aktualisiert haben.

Ihnen, die Sie bessere Verhandler und erfolgreichere Vertriebs- und Einkaufsmitarbeiter werden wollen, widme ich meine Arbeit.

Zwei herzliche Grüße auch an die „Partner auf der anderen Seite": Franziska Brandt-Biesler und Tim Taxis waren über viele Jahre tolle Kollegen und meine liebsten Trainings-Partner und Motivatoren auf der Verkaufsseite. Möge Ihnen stets die vertriebliche Sonne scheinen!

Und natürlich danke ich meiner Frau und meiner Familie für ihre Unterstützung und Motivation!

Über den Autor

Urs P. Altmannsberger

Seine BERUFung: Verhandeln im Einkauf und Verkauf

Sein Ziel: Beiden Seiten Verhandlungen auf Augenhöhe zu ermöglichen – denn er kennt die Strategien und „Tricks" aus Einkauf und Vertrieb

Als langjähriger Einkaufsprofi und Verhandlungstrainer im Einkauf weiß Urs Altmannsberger, an welcher Stelle der Verhandlung Verkäufer unnötig viel Geld und Marge verschenken. Urs Altmannsberger war über viele Jahre selbst Einkaufsleiter in mittelständischen und großen Unternehmen. In dieser Zeithat er ein weltweites Lieferantennetz auf- und ausgebaut – und konnte so seine Begabung als Top-Verhandler einsetzen und immer wieder bewiesen.

Er war damit für seine Firmen so erfolgreich, dass er sich 2001 als Trainer und Verhandlungsexperte selbstständig gemacht hat, um sein Wissen und sein Können an mehr Menschen zu vermitteln. Seither ist er als Verhandlungsberater in Unternehmen tätig, um dort den Einkauf strategisch voranzubringen, zu strukturieren und gleichzeitig gezielt zu trainieren. Er kann es sich aufgrund seines Könnens leisten, dort nach Erfolg bezahlt zu werden – denn den hat er!

Außerdem begleitet er Unternehmen als Coach und berat und unterstutzt sie dabei, anstehende Verhandlungen ergebnisorientiert zu verbessern, Konditionstitelzu entwickeln und die Beteiligten dafür fit zu machen.

Sein Wissen gibt Verhandlungsexperte Urs Altmannsberger auch in seinem erfolgreichen Podcast, seinem Blog und als Fachautor für Branchenpublikationen weiter.

Web: www.altmannsberger-verhandlungstraining.de
Podcast: https://www.altmannsberger-verhandlungstraining.de/podcast-anmeldung/
Trainings und Seminare:
https://www.altmannsberger-verhandlungstraining.de/termine/
Blog: https://www.altmannsberger-verhandlungstraining.de/verhandlungs-blog/

IHR PERSÖNLICHES GESCHENK

Gutschein für ein kostenloses Telefoncoaching mit Verhandlungsexperte Urs Altmannsberger

Dieser Gutschein ist eine freiwillige Sonderleistung des Autors Urs Altmannsberger für Sie als Käufer seines Buches „Profitabler Verkauf". Er kann für ein kostenloses Telefoncoaching durch den Autor in der Länge von bis zu 20 Minuten eingelöst werden.
Das Telefoncoaching kann auch als Webcast durchgeführt werden.
Die Terminangebote hängen von den Buchungszeiten des Autors ab – er wird Ihnen nach Möglichkeit zeitnah zur Einreichung einen Termin anbieten.
Pro Leser kann nur ein Gutschein eingelöst werden, dieser ist nur für den Käufer persönlich nutzbar. Gutscheine können nicht kombiniert oder kumuliert werden. Kein Weiterverkauf, keine Barauszahlung, der Rechtsweg ist ausgeschlossen.

Zur Inanspruchnahme ist aus rechtlichen Gründen eine Registrierung notwendig. Dafür den Gutschein einfach ausfüllen, einscannen und per Mail mit dem ebenfalls eingescannten Buch-Kaufbeleg senden an:
ua@altmannsberger-verhandlungstraining.de

Gutschein für ein kostenloses Telefoncoaching mit Verhandlungstrainer Urs Altmannsberger

– Bitte in Druckbuchstaben ausfüllen –

....
Herr/Frau, Vorname, Nachname

....
Unternehmen und Position

....
E-Mail-Adresse

....
Telefonnummer für das Coaching

☐ Bitte informieren Sie mich über aktuelle Tipps und Termine rund um die Verhandlungsführung und den profitablen Verkauf (ca. 6 x jährlich Verhandler-Tipp, Termine für Webcast etc.).
Diese Services erhalte ich kostenlos per Mail; sie können jederzeit abbestellt werden.

*) Pro Leser kann nur ein Gutschein eingelöst werden, dieser ist nur für den/die Käufer/in persönlich nutzbar. Gutscheine können nicht kombiniert oder kumuliert werden. Kein Weiterverkauf, keine Barauszahlung, der Rechtsweg ist ausgeschlossen.